高等院校艺术设计专业应用技能型教材

DESIGN OF
LIVING SPACE

居住空间设计

主编◎吴陆茵　邓　鹃
副主编◎龙　燕　刘　鹏　常雁来

重庆大学出版社

图书在版编目（CIP）数据

居住空间设计 / 吴陆茵，邓鹃主编. -- 重庆：重庆大学出版社，2020.1（2022.4重印）
高等院校艺术设计专业应用技能型教材
ISBN 978-7-5689-1783-4

Ⅰ. ①居… Ⅱ. ①吴…②邓… Ⅲ. ①住宅—室内装饰设计—高等学校—教材 Ⅳ. ①TU241

中国版本图书馆CIP数据核字（2019）第185961号

高等院校艺术设计专业应用技能型教材

居住空间设计

JUZHU KONGJIAN SHEJI

主　编　吴陆茵　邓　鹃
副主编　龙　燕　刘　鹏　常雁来
策划编辑：张菱芷
责任编辑：夏　宇　　版式设计：琢字文化
责任校对：陈　力　　责任印制：赵　晟

重庆大学出版社出版发行
出版人：饶帮华
社　址：重庆市沙坪坝区大学城西路21号
邮　编：401331
电　话：（023）88617190　88617185（中小学）
传　真：（023）88617186　88617166
网　址：http：//www.cqup.com.cn
邮　箱：fxk@cqup.com.cn（营销中心）
全国新华书店经销
重庆俊蒲印务有限公司印刷

开本：787mm × 1092mm　1/16　印张：9　字数：244千
2020年1月第1版　2022年4月第3次印刷
印数：5 001—8 000
ISBN 978-7-5689-1783-4　定价：48.00元

前　言 / PREFACE

随着近年房地产市场的火热发展，人们越来越关注居住环境的质量。首先，好的居住环境能使人们身心愉悦，本书编写的初衷也在于此。其次，居住空间设计属于室内设计体系中的重要内容之一，是目前国内环境艺术设计教学体系中非常重要的一门课程。本书由一线教学岗位教师根据国家室内设计标准规范和多年教学经验编写而成，对相关专业学生的学习能起到很好的辅助作用。

本书采用理论与实践相融合的原则，引用了大量图文并茂的案例，以图释文、以文析图，相互穿插进行。全书脉络清晰明了，文字简明扼要，读者能够迅速把握重点，提高学习效率。为了加深读者对专业知识点的深入理解，每个单元后还设置了一些思考题，以便读者巩固该单元知识，将知识中的理论内容更好地运用到实践中去。

本书所有参编人员都是具有多年环境艺术设计教学经验和项目设计实践经验的“双师型”青年骨干教师，其中大部分还是校级精品课程教学团队的成员。本书具体编写分工如下：导论、第二单元、第六单元由吴陆茵编写，第一单元由常雁来编写，第三单元由邓鹃编写，第四单元由龙燕编写，第五单元由刘鹏编写。全书由吴陆茵统稿。

在本书编写过程中，我们也遇到了不少困难，断断续续用了近两年的时间才编撰完成。感谢共同参与编写的同仁们，他们为本书奉献了大量精彩丰富的优秀案例，并无私地提供了许多宝贵的参考资料。我们参考和引用的相关书籍、期刊和网站论坛等的部分资料，大都列入了参考文献中，但有少部分的图片和文字未能准确核实来源，难以一一注明出处，在此对这些资料的作者表示深深的感谢。

“居住空间设计”是一门与生活环境息息相关、涉及面十分广泛的综合设计课程。由于编者水平有限，疏漏之处在所难免，希望得到相关专家、同仁以及读者的批评和指正。

编　者

2019年5月

教学进程安排

课时分配	导论	第一单元	第二单元	第三单元	第四单元	第五单元	第六单元	合计
讲授课时	2	2	4	4	4	2	—	18
实操课时	—	2	4	4	4	4	12	30
合计	2	4	8	8	8	6	12	48

课程概况

“居住空间设计”是一门环境艺术设计必修课，是衔接“室内设计原理”课程之后开设的专项室内设计课。本课程共分为六个单元：第一单元从基础入手，讲解居住空间的基本分类及特点；第二单元从整体功能空间入手，讲解了户型功能空间的划分依据；第三、四单元对居住空间按照户型面积进行了分类，分别从小户型及复式户型的设计特点和设计法则上进行了细化讲解；第五单元为拓展体验单元，利用精品案例来引导学生提高美学素养，熟悉设计流程；第六单元为实践单元，从一个完整的案例出发，将作品从草图推演到完整效果并呈现，为读者提供一套可操作、实践性强的设计流程体验。

教学目的

通过本课程的学习，学生可以了解到居住空间设计的基本原理，建立较为清晰、完整的分类概念。掌握居住空间设计的设计流程，培养独立创作的实践能力和创新能力，并为后期的室内设计相关课程的深入学习打下良好的基础。

目 录 / CONTENTS

导论
初步认识居住空间

课　　时：2课时

1.什么是居住空间

从古至今，居住空间是人们赖以生存的物理环境，它既担负着人们饮食起居的物质功能，又承担着审美、情感、思想等精神功能。居室设计是根据住宅的使用性质、所处环境和相应标准，运用物质技术手段和建筑美学原理，创造功能合理、舒适优美、满足人们生活需要的室内空间环境。显然，居住空间设计具有实用与审美双重功能，能够满足人们物质生活、精神生活的双重需要。

住宅是人类的栖息场所，是人类征服自然和自身发展的一种象征。居住空间是人类生存环境的一面镜子，它见证了时代的变迁和人类的生存百态。沧桑变幻的世界历史，就是一部人类住宅建筑的发展史。从原始的巢居、穴居到现代的高楼大厦、庭院别墅，住宅一直是人们遮风避雨的“庇护所”、生活起居的温馨“港湾”，在人类生存、发展和演变过程中占有重要地位。

居住空间设计也称室内环境设计，是人类创造并美化生存环境的活动之一。居住空间设计既是建筑设计的继续和深化，是室内空间和环境的再创造，同时也是建筑的灵魂，体现的是人与环境的联系，是人类艺术与物质文明的结合。

1）住宅建筑的发展演变

史前时期，原始人类为避寒暑风雨、防虫蛇猛兽，住在天然形成的山洞里或树上，这就是所谓的“穴居”（图0-1）和“巢居”（图0-2）。这类栖息之所，除了人类自己劳作之外，更多的还是大自然的恩赐。

随着人类的不断进化，古人开始营建真正的房屋。据目前考古发掘证明，我国最早的房屋建筑产生于距今六七千年前的新石器时代。当时的房屋主要有两种：一种是以陕西西安半坡遗址为代表的北方建筑模式——半地穴式房屋和地面房屋。半地穴式房屋多为圆形，地穴有深有浅，以坑壁作墙基或墙壁；坑上搭架屋顶，顶上抹草泥土；有的房屋四壁和屋室中间还立有木柱支撑屋顶。到了原始社会晚期，古人才在地面砌墙，并用木柱支撑屋顶，这种直立的墙体及带有倾斜的屋面，便形成了后来我国传统房屋建筑的基本模式。另一种是以浙江余姚河姆渡遗址为代表的长江流域及以南地区的建筑模式——干栏式建筑（图0-3、图0-4）。这种建筑一般用竖立的木桩或竹桩构成高出地面的底架，底架上有大小梁木承托的悬空的地板，其上用竹木、茅草等建造住房。干栏式建筑上面住人，下面饲养牲畜。

图0-1　原始社会的（半）穴居

图0-2　原始社会的巢居

图0-3　干栏式建筑1

图0-4　干栏式建筑2

图0-5　傣族的竹楼

图0-6　黄土高原的窑洞

后来，随着社会的进步，人们开始根据不同的设计需求建造房屋。于是经过人们精工雕凿、科学拼接的木屋和石屋，以及用木石土建造的各种形式的房屋越来越多，最后发展为规模宏大的宫殿建筑群和寺庙建筑群。由于历史文化或风俗习惯的不同，不同地域又出现了形式迥异的房屋。云南傣族的竹楼，分上下两层，上层住人，下层拴马，既方便安全又凉爽卫生（图0-5）；黄土高原的人们因地制宜，掘土为屋，建造出一排排冬暖夏凉的窑洞（图0-6）；草原上的蒙古族更是建造出了既能遮风避雪又能自由拆迁的活动房屋——毡包（图0-7）；土楼是客家人聚族而居，并用夯土墙承重的大型群体楼房住宅，多呈圆形、半圆形，它能适应山区的复杂地形和多雨潮湿的气候，具有良好的坚固性、防御性（图0-8）。显然，古代的居室建筑材料以土、石、竹、木等自然材料为主，依地形地势而建，房屋结构具有时代性、民族性和地域性。

图0-7 蒙古族的毡包

图0-8 客家的土楼

夏、商、周是中国奴隶社会时期，也是房屋建筑缓慢发展的重要时期。夯土技术从夏朝开始形成和发展，到了商朝已发展得较为成熟。夯土施工工艺简单，可以实现就地取材，夯土建筑因其物理特性使其具有冬暖夏凉的特点。统治阶级大规模的宫殿和陵墓也是利用夯土所建，和当时奴隶居住的穴居形成了鲜明的对比。原来简单的木构架，经商周以来不断改进，已成为中国建筑的主要结构方式。

春秋时期以后的封建社会，土木建筑成为主流。木工技术逐渐成熟，促进了室内装修和家具的制作，出现了鲁班等木工巨匠。建材方面，砖瓦烧制的数量增加，品质不断提升，推动了房屋建筑向高大化发展。秦汉的统一促进了中原与吴楚建筑文化的交流，建筑规模更为宏大，组合更为多样，“秦砖汉瓦”即是这个时期建筑的代名词。

魏晋南北朝是中国历史上动乱不迭、混乱割据的时期，无休止的战争使广大劳动人民流离失所，生活没有保障。后来佛教开始盛行，出现了“舍宅为寺”的建筑现象。人们崇拜佛教，佛殿、佛塔、寺庙等大规模出现，“南朝四百八十寺，多少楼台烟雨中”描写的就是这个现象。

隋唐时期是中国封建社会经济文化发展的高潮时期，其建筑风格气魄宏伟、严整开朗，不仅在单体建筑的艺术处理手法上更为细腻、富有特色，而且在建筑组合体、群组布局乃至城市规划上都更为成熟。唐都长安（今陕西西安）和东都洛阳都修建了规模巨大的宫殿、苑囿、官署，且建筑布局也更为规范合理。木结构在南北朝基础上，已进入定型化和标准化的成熟时期，斗拱、柱子、房梁等在内的建筑构件均体现了力与美的完美结合。此外，隋唐的佛塔大多采用砖石建造，如西安的大雁塔、小雁塔和大理的千寻塔等。塔有单层、多层之别，多层中又分楼阁型和密檐型。

北宋画家张择端绘制的巨幅画卷《清明上河图》（图0-9），形象地描绘了东京（今河南开封）的繁华景象。通过画卷可以看出，北宋土地利用率高，建筑密度大，其布局打破了里坊制度，形成了按行业成街的格局。农村住宅多为简陋、低矮的茅屋，城市住宅一般为瓦屋，贵族官僚住宅则采用前厅后寝的布局方式。

图0-9　张择端《清明上河图》中的民居

图0-10　安徽宏村明清民居

图0-11　北京故宫

到了明清时期，居民的住宅拥有更多的发展空间。白粉的墙，青灰的瓦，显得格外古朴与典雅。虽然民居（图0-10）没有宫殿（图0-11）的宏伟与豪华，但是它用独特的方式真实地记载着当时居民的生活气息。封建社会的宗法礼节和等级尊卑很重，这反映在住宅形制上，无论是北方的四合院还是南方的天井院都普遍设计成内庭式，表现出人们循规蹈矩地遵守着古往今来的礼节。

近代的住宅，在本质上较之以前又有了巨大变革。人们不再单纯地依靠天然材料，而是采用钢筋水泥等人工材料，更加重视房屋内外的装饰，设计也更显人性化。这些住宅建筑，无论在技术、材料、施工等方面，还是在结构和外观上，都是古代建筑与设计无法企及的。

2）居住空间设计的发展演变

居住空间一般是指家庭生活起居的使用空间，这也是其最基本的特征。随着时代的发展，居住空间不仅要满足人们居住的条件，还涉及人们的心理、审美、行为等方面的内容。

人类社会发展的早期，因人力、物力、技术等条件的限制，室内设计的成就主要体现在祭祀、供奉、祈祷等纪念性空间里。古代社会遗留下来的诸多墓葬和宗教建筑，其内部空间结构、布局主要围绕对神的崇拜、对鬼的忌惮和对逝者的纪念等功能上，完全忽视了居住的实际用途，其空间设计规模宏大、结构复杂、雕饰繁缛。但是，从技术与艺术的角度来看，早期纪念性的室内空间在构造和处理手段上为后来的发展演变奠定了基础，初步体现了室内设计活动技术与艺术紧密结合的基本特征（图0-12、图0-13）。

图0-12　布达拉宫

图0-13　高大奢华的宗教建筑空间

图0-14　苏州园林

后来，随着社会经济的发展，人们逐渐开始重视对居住空间的装饰美化，特别是封建帝王贵族的宫殿、园林（图0-14）、山庄，雕梁画栋、华丽异常，极尽奢华之能事。文艺复兴之后的欧洲，社会财富拥有者大兴土木，教堂、宫苑、别墅等建筑外观雄伟高大，内部空间奢华富丽、雕琢精美、工艺精巧，空间设计往往追求精细繁密、面面俱到。昂贵的装饰材料、摆件饰品散发着珠光宝气，大大地丰富了室内设计的内容，给后人留下了一笔丰厚的艺术遗产。但是，这种空间设计仅仅满足于统治阶层的趣味，以追求装饰的豪华奢侈和享乐舒适为审美标准，弱化了居住空间的实用性以及建筑结构与空间的关系。

物质的占有永远不可能代替室内空间美的创造。少数统治者的趣味并不能代表某一时代室内设计发展的主流倾向，那些讲究实用功能、朴实无华的民居，其室内空间的艺术风格往往比那些装饰繁杂的亭台楼阁要实用得多。民间设计师较注重建筑空间的渗透关系，将室内空间与室外环境相结合，认为装饰手法是经营空间关系的补充，而非室内空间设计的全部。任何生存空间都不是孤立的，合理、充分地利用空间，提高单位空间利用率是创造室内空间的重要原则。因此，居住空间不能脱离自然，过分封闭的室内空间是不利于人的生存的。

随着不断的实践与探索，人们逐步认识到室内空间是一种美化了的物质环境，是艺术与技术结合的产物。社会经济的发展、物质材料的丰富更新以及社会文化水平的提高，必然会影响人们对室内设计的认识。

始于18世纪中期的工业革命推动了社会、思想和人类文明的巨大进步，同时为现代室内设计发展开辟了广阔的道路：一方面是生产方式和建造工艺的进步，另一方面是不断涌现的新材料、新设备和新技术。钢、玻璃、混凝土、批量生产的纺织品和其他工业产品，以及后来出现的大批量人工合成材料，给设计师带来了更多的选择可能性。新材料及其相应的构造技术极大地丰富了室内设计的学科内容。正是有了这些新的技术可能性，室内设计才突破了传统建筑设计高度与跨度的局限，在平面与空间上有了较大的自由度，从而使人们的室内空间审美产生了变化。

2.学习目的

在室内教学体系中，居住空间设计作为其中一项专业课程，为各种居住类型空间提供了设计创作方法和操作技巧。美国室内设计师协会前主席亚当指出，室内设计涉及的工作要比单纯的装饰广泛得多，设计师关心的范围已扩展到生活中的每一个方面，如住宅、办公、旅馆、餐厅等的设计提高了劳动生产率，无障碍设计、编制防火规范和节能指标提高了医院、图书馆、学校和其他公共设施的使用效率。显然，现代居住空间设计不仅要考虑生活上的直接需要，而且还要从更广泛的角度去研究和解决人的各种社会需求，是一项综合性极强的系统工程。

1）自用住宅空间设计

个人出资购买并已经领取所有权证的住房称为自用住宅，它是居住空间设计的典型代表，是一种集装饰性及实用性于一体的使用空间（图0-15）。

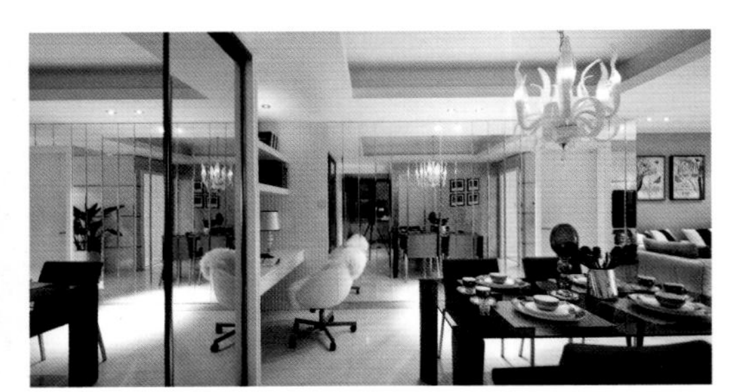

图0-15　现代风格样板房

2）民宿设计

一般来说，民宿是利用闲置的民居、农村宅基地、集体用房等民居资源，结合当地自然人文景观与生态环境、社区生产生活特色，基于合理的设计修缮和改造，以旅游经营的方式，为游客提供住宿、餐饮等服务的场所（图0-16）。

图0-16　浙江莫干山裸心堡

3）酒店室内设计

酒店是设备完善、经政府核准的建筑，主要为消费人群提供住宿、餐饮、娱乐等服务。酒店室内设计是酒店有形服务的表现形式之一（图0-17）。

图0-17　上海佘山世茂洲际酒店

3.怎样学习

通过本书的学习，我们要重点掌握居住空间的设计流程。

1）设计前期

①任务解读：了解客户对设计造型、风格、使用功能的要求；了解工程造价与材料预算。

②建筑解读：能正确理解项目建筑图纸，理解建筑结构和室内设计的关系，优化原有建筑空间组合和布局。

2）方案设计

①初步方案：能够整合各要素，对风格、样式进行设计；设计合理的平面布局和空间界面；能协调搭配室内陈设，对色彩、材料等进行合理设计。

②深化设计：对选定的方案进行功能及造型深化设计；掌握装饰材料的性能和应用，能熟练掌握装饰设计制图标准和规范，熟练运用CAD等制图软件。

3）设计表达

①效果图制作：能够根据设计方案正确建模，设置正确的材质和贴图等；配置合理的灯光并设置参数，能够根据方案的要求调节空间气氛并渲染出图。

②设计综合表达：能够把设计文件编排成文本、展板和汇报文件。

第一单元
居住空间设计的类型及特点

课　　时： 4课时

单元知识点： 本章着重讲解居住空间的分类形式及设计特点，目的是了解和认识室内设计的基本概念和设计规律。

第一课　居住空间设计的类型

课时：2课时

要点：了解居住空间的基本分类形式。

1.独立式住宅

独立式住宅主要是指独门独户的单体住宅，包括较经济的独栋房和相对豪华的别墅。独立式住宅一般带有庭院、花园和宽敞的内部空间，能够较好地满足人对私密性的要求，提供更自由的活动空间。房间采光良好，室内能够实现自然通风，室外有较大的绿地或植被面积，环境较好。住户可以根据个人的需要来规划设计或重新改造房子的结构及用途，使建筑形象更具个性化和独特性（图1-1）。

图1-1　独立式住宅

独立式住宅是住宅中的高档产品，建筑面积一般不低于200m²，其建造技术含量和内部设施要求比高层住宅更高，造价昂贵，因而这类住宅的开发、设计和经营应注意提供更加舒适、安全的居住环境，使建筑形象与空间更加别致新颖，设施与配套做到真正的高品质。

当今独立式住宅的使用有两种形式：一种是作为家庭的日常居所，一般距离城市较近，交通便捷；另一种是作为周末度假的别墅，也就是所谓的“5+2”模式，即周一至周五住在市内，周末两天在别墅度过。不过，由于独立式住宅住户之间距离太远，难以形成紧密的邻里关系。

独立式住宅的主要形式有：

①带阁楼的复式建筑：主层包括起居室、餐厅、厨房、浴室、家庭活动室等。卧室一般在楼上的阁楼里，通常带有天窗。

②两层或三层建筑：和带阁楼的复式建筑差不多，唯一的不同在于这类建筑房顶比较高，层高可以允许全尺寸的天花板。在顶层的上面一般还有一个整层或半层高的阁楼。

③错层建筑：一般指的是三层或三层以上的住宅，典型的布局是把起居室、餐厅、厨房等设计在主层。高出台阶的部分属于卧室，向下是家庭活动室或生活设施室。主层下面的一层可设置储物间或额外的卧室。

④错层入口或高出地面的住宅：地下室的一半会高出地面，入口在地面，入口处有楼梯，向上通向主层或向下通向地下室。因为地下室的一半高出地面，窗户会大一些，采光更好，所以底层也更利于居住。

2.联排式住宅

联排式住宅是由几幢两层至四层的住宅并联而成、有独立门户的住宅，它分为联排住宅和联排别墅（图1-2、图1-3）。各户之间至少能共用两面山墙，每几个单元共用外墙，有统一的平面设计和独立的门户，每户建筑面积一般为250m²左右。

图1-2　联排住宅

图1-3　联排别墅

联排式住宅是欧洲许多城市的主要住宅形式。这样的住宅沿街而建，表现为大进深、小面宽的立面式样，体现为新旧混杂、各式各样。如美国的联排别墅，它是汽车兴起后住宅郊区化的产物，一般建在郊区或小城镇，不直接紧邻市区道路。townhouse原本是指“联排住宅，有天有地，拥有独立的院子和车库”，通常是一次性成片建造，立面式样一致，平面组合比较自由。联排式住宅相对独立式住宅来说价位较低，为中产阶级及新贵阶层量身定造，是现代住宅的又一新兴住宅方式。

联排式住宅特点显著。一般的经济型联排式住宅占地较小，土地利用率较高，既节约了土地资源，又有较高的容积率。联排式住宅的总面积相对独立式住宅较小，因此价格更容易让人接受，还可增加邻里间的交往机会。

联排式住宅为几套或多套拼联，比独立式住宅少了两个采光面和通风面。虽然采光和通风条件有所下降，但是依然能达到良好的效果。另外，联排式住宅在身份的象征及地位的表现上，与独立式住宅、双拼式住宅相比稍逊一筹。联排式住宅虽然容积率良好，但由于住宅间距较小，社区的公共休闲空间受到限制，大部分活动区域仅限于自身花园内，休闲、健身需求难以得到全面满足。

3.公寓式住宅

公寓式住宅是相对于独院独户的独立式住宅而言的，可以容纳更多的住户。公寓式住宅又称单元式住宅、梯间式住宅，是目前我国大量兴建的多层和高层住宅中应用最广的一种住宅建筑形式。公寓式住宅大多数是高层，标准较高，住宅的每一层内都有若干单户独用的套房，包括卧室、客厅、浴室、厕所、厨房、阳台等（图1-4）。

图1-4　公寓式住宅

公寓式住宅最早是舶来品，相对于价格昂贵的别墅，更为经济实用。我国早期的公寓式住宅已经具备现代城市单元式住宅的雏形。新中国成立前在一些大城市都建有欧美风格的公寓大楼，如上海的百老汇大厦、海滨公寓等。近年来，我国各城市中所建的公寓式住宅，在设计上做了较大改善，以适合我国国情。目前，集户型小、总价低、投资回报率高、配套设施完善等特点于一身的公寓式住宅，普遍受到购房者的青睐。公寓式住宅主要供中等收入的家庭居住，也有一部分供客商临时住宿或其家眷短期租赁使用。

公寓式住宅的基本特点有：

①每层以楼梯为中心，每层安排若干户数，各户自成一体。

②户内生活设施完善，既能减少住户之间的相互干扰，又能适应多种气候条件。

③可以标准化生产，造价经济合理。

④保留了一些公共使用面积，如楼梯、电梯、走道等，保证了邻里交往，有助于改善人际关系。

⑤合理设计一定的小区景观，提升绿化面积，提倡人性化设计，营造小区文化氛围。

公寓式住宅中还有一些豪华公寓或单层公寓，它们规模比较大，质量更好，甚至配套设施更豪华。公寓楼的底层或附近一般会有便利的配套服务系统。此外，公寓式住宅还有不同类型，如青年公寓、老年公寓、学生公寓等。

4.商住两用住宅

商住两用住宅又称商务住宅，与前三种形式相比，它的功能不仅仅是居住，而是将居住与办公活动结合起来，是一种既可居住又可办公的高档物业。商住两用住宅在产权上属于公寓类型，但又完全具备写字楼的功能，是近年来出现的一种极具个性化和功能性的居住空间形式。

商住两用住宅以一种全新的面貌出现，给人们带来了新的居家办公理念，适合那些需要长期在家办公的特殊人群；设计上，商住两用住宅丝毫不亚于高档写字楼，商务配套和生活配套也让用户耳目一新（图1-5）。

图1-5　商住两用住宅

近年来出现的SOHO、LOFT空间就是商住两用住宅形态的具体表现。SOHO是英文“small office home office”的缩写，从字面理解是小型家庭办公一体化的意思。LOFT是指工厂或仓库的楼层，现指没有内墙隔断的开敞式平面布置的住宅。LOFT受20世纪六七十年代美国纽约建筑的启发，逐渐演化成为一种时尚的生活方式。它的定义要素主要包括：高大而宽敞的空间，上下双层的复式结构，类似戏剧舞台效果的楼梯和横梁；流动性，户内无障碍；透明性，减少私密程度；开放性，户内空间全方位组合；艺术性，通常是业主自行决定所有风格和格局。LOFT同时支持商住两用，主要消费群体可分为两类：从功能上考虑，能够满足一些需要空间高度的商业部门，如电视台演播厅、公司产品展示厅等；从个性上考虑，许多年轻人以及艺术家都是LOFT的消费群体，甚至包括一些IT企业人士。

第二课 居住空间设计的特点

课时：2课时

要点：了解居住空间的设计特点及风格形式。

现代居住空间设计包含了各种复杂的学科知识，既需要满足人们生理、心理、审美、行为等需求，又需要综合处理人与环境、人与人交流等诸多关系，还需要在为人服务的前提下，满足使用功能、经济效益、舒适美观、环境氛围等种种需求。因此，现代居住空间设计在实用功能的前提下，具体有以下特点：注重运用新的科学技术，追求提高室内空间舒适度；注重充分利用工业材料和批量生产的工业产品；讲究人情味，在物质条件允许的情况下，尽可能地追求个性与独创性；重视室内空间的综合艺术风格。

1.居住空间多样化

居住空间设计的最大特点是增加空间感。空间是居室的最大财富，居住空间设计就是要尽量增加空间容量，增加空间的使用面积。也就是说，空间的扩大不仅要满足人的视觉美观，还要让居室变得更加休闲、宽敞与舒适。

图1-6 居住空间多样化1

图1-7 居住空间多样化2

不同的人群因年龄、文化程度、经济收入、工作性质、性格、生活经历等差异，对居住空间的划分与需求也会有所不同，这就使居住空间布局呈现出多样化发展的趋势（图1-6、图1-7）。室内空间的大小、形状和布局都会对人的生理、心理带来不同的影响。在居住空间设计中，空间的功能利用要合理，整体格局应紧凑、虚实相宜，各区之间要融洽和谐。因此功能需求是居住空间设计首先要解决的问题，即在有限的空间里，通过合理而多样的功能设计满足人们的功能需求。

法国室内设计师考伦说："很难说室内设计有一个什么定则，因为在人们需求日益多样化、个性化的今天，再好的东西也会过时。新的风格不断出现并被人们所接受，这就使得今天的室内设计作品多姿多彩、千变万化。"显然，随着社会经济的飞速发展，居住空间的多样化也必将成为发展的潮流。

2.居住空间生态化

人的一生中有四分之三的时间是在室内度过的，居住空间环境对人们的身心健康有直接影响，因此生态健康的居住空间是人最基本的生活保障。生态居住空间体现的健康、环保理念，也是现今人们对提高生活品质的要求。在注重可持续发展的今天，生态设计已成为当前设计发展的主流（图1-8）。

图1-8 居住空间生态化

首先，居住空间装饰材料的选择、运用要生态、环保。居住空间设计中的不同效果一般是通过装饰材料的运用来完成的，那么在材料选择上就必须符合国家标准，应基于生态设计理念，限制或禁止污染材料的使用，采用绿色、环保的材料。现代居室装饰崇尚返璞归真，体现人与物的本来面貌，并显示人们居住环境的特点，使居住空间设计与装饰工艺更加贴近自然、回归自然。

其次，居住空间的采光要优先考虑自然明亮，室内通风要流畅。光线是人视觉感官刺激的来源，采光设计除了带给人们视觉感官体验外，还给人们一种审美享受。我们可以利用光线来构造空间，它会对人们感知物体的形状、大小、颜色、材质造成直接影响。在居住采光设计中，采光位置布置、采光口大小会影响空间采光效果。灯光照明要和室内摆设装饰搭配，光源位置应融入居住空间布置中，和家具、饰品相得益彰。

最后，室内氛围的营造要重视绿色和意境。绿化系统在室内设计中扮演着重要的角色，在室内摆上合适的植物，既可改善环境质量，有效净化室内空气中的有害气体，又能装饰美化空间，实现物质享受和精神享受的有机统一，创造出舒适、美观的人居环境。

3.色彩情感化、功能人性化

室内是人们接触最多的生活环境，它由复杂的空间色彩构成，具有多变性、空间性、组合型的设计特点。只有室内色彩环境符合居住者的生活方式和审美情趣，才能使人产生舒适感、安全感和美感。

居住空间是由若干个具有不同功能的区域空间组合而成的，因其使用功能、空间大小、采光条件等各有不同，所以在设计中要注意运用不同的色彩处理方式区别对待。良好的色彩设计不仅能调整空间光线的强弱，而且能通过满足人们的视觉要求来调节人们的心情。设计师应当通过不同色彩之间的合理搭配来增强色彩的感染力，为人们营造良好的室内氛围。

室内色彩设计不是孤立的，不仅要考虑室内的空间与结构关系，还要关注光线的变化及材料的应用等各个环节。合理的居住空间色彩设计，不仅是个性与美观的完美结合，而且能达到调节室内空间和气氛的作用（图1-9）。

图1-9　居住空间的色彩情感化

居住空间是为人服务的空间，是以人为主体的空间，因此适宜人体功能是其必备的条件。人机工程学和环境心理学是设计的基础理论学科，其研究成果为居住空间设计、家具的合理使用提供了必要的依据。例如，在厨房操作空间尺度的设计上应符合人们的使用习惯和操作的安全性。另外，不同的造型、色彩、材料和空间布局对人的心理具有不同的影响，客厅需要良好的交流环境，餐厅的设计要尽可能有助于进食，卧室应让人容易入睡，卫生间要注意清洁感，这些都对设计功能化提出了更高的要求。

注重文化与艺术内涵、崇尚个性化设计、回归自然和无障碍设计是现代居住空间人性化设计的重要表现（图1-10），体现人类精神需求、营造文化氛围也是现代居住空间的一个标志性特征。如主人喜好中国传统木制品，木窗格、木雕、红木家具、博古架等点缀在现代居室里，所形成的效果就呈现为传统文化情趣。

图1-10　居住空间的功能人性化

4.风格个性化、多元化

居住空间设计在体现时代特色的同时，还要体现出与众不同的个性特点，展现出独具风采的艺术风格和魅力。

居室是以家庭为单元的形式，也是个人化的特殊空间，充分体现出主人的性格、爱好、情趣和文化，因此它在体现个性差别时最为突出。

居室设计的主要风格有传统风格、现代风格、后现代风格、自然风格及混合型风格等。

传统风格的居室设计是在室内布置、线形、色调以及家具造型、陈设等方面，吸取传统装饰“形”与“神”的特征。例如，吸取我国传统木构架建筑的藻井天棚、挂落、雀替的构成和装饰，以及明清家具造型和款式特征的中式风格（图1-11）；仿罗马风、哥特式、文艺复兴式、巴洛克、洛可可、古典主义等的欧式风格（图1-12）。

图1-11 中式风格

图1-12 欧式风格

现代风格起源于1919年成立的包豪斯学院，注重功能和空间组织，强调发挥结构本身的形式美；造型简洁，反对多余装饰；崇尚合理的构成工艺，尊重材料的性能，讲究材料自身的质地和色彩的配置效果；发展以功能布局为依据的不对称的构图手法，强调设计与工业生产的联系。广义的现代风格也可泛指造型简洁新颖，具有时代感的室内环境（图1-13、图1-14）。

后现代风格强调建筑及室内装潢应具有历史的延续性，在此基础上探索创新造型手法，讲究人情味，常在室内设置夸张、变形的柱式和断裂的拱券；或把古典构件的抽象形式以新的手法组合在一起，即采用非传统的混合、叠加、错位、裂变等手段和象征、隐喻等手法，创造一种融感性与理性，集传统与现代、大众与行家于一体的"亦此亦彼"室内环境（图1-15、图1-16）。

图1-13　现代简约风格1

图1-14　现代简约风格2

图1-15　后现代风格1

图1-16　后现代风格2

自然风格倡导“回归自然”，以期在高科技、高节奏的社会生活中，使人们能获得生理和心理的平衡，因此室内多用木料、织物、石材等天然材料，尽显材料的纹理与质地。田园风格也可归入自然风格。田园风格在室内环境中力求表现悠闲、舒畅、自然的田园生活情趣，也常运用天然木、石、藤、竹等质朴的纹理，合理配置室内绿化，创造自然、简朴、高雅的氛围（图1-17—图1-19）。

图1-17　田园风格1

图1-18　田园风格2

近年来，建筑设计和室内设计在总体上呈现多元化、兼容并蓄的特点。在装潢与陈设中融古今中西于一体，如传统的屏风、摆设和茶几，配以现代风格的墙面及门窗装修、新型的沙发；或者欧式古典的琉璃灯具和壁面装饰，配以东方传统的家具和埃及的陈设等。混合型风格虽然在设计中不拘一格，运用了多种体例，但其设计仍匠心独具，深入推敲形体、色彩、材质等方面的总体构图和视觉效果（图1-19）。

图1-19 中欧混合型风格

21世纪是一个在建筑、室内设计领域呈现多元化格局的时代，同时也是一个多元文化和提倡个性的时代，因此居住空间设计的主流很难以某一种风格形式为代表。居室的装饰风格要体现艺术性，也要体现个性的独特审美情趣，也就是不能简单地模仿照搬，需要根据自家居室的大小、空间、环境、功能，以及家庭成员的性格、修养等诸多因素来考虑，只有这样才能显现出个性的美感来。居室装饰美化的原则，就实质来说，是个性美和共性美的辩证统一，不但不能失掉个性审美追求，而且还要将共识性的审美观通过个性美的追求体现出来。

作业与思考：

1.对居室空间现状的了解，以及你对居室空间未来发展方向的展望。

2.对居住空间设计特点的理解。

3.谈谈居室设计中的传统风格、现代风格和自然风格各自的特点。

第二单元
户型功能空间划分

课　　时：8课时

单元知识点：一个成功的室内设计作品必须有完善的功能空间，其中的形式与实用性要搭配合理。通过本章的学习，熟悉居住空间的划分类型和功能区分，重点掌握户型空间的功能分区和各个空间的形式特点。

第一课　公共活动空间

课时：4课时

要点：了解公共活动空间的分类及设计内容。

一般的家庭群体活动主要有聚会、试听、阅读、用餐、娱乐等内容，具体到每个家庭时，根据其生活规律及家庭成员的性格、年龄等特点会有很大的差异。总的来说，属于公共活动空间的分类主要有以下几种：

1.起居室

起居室也称客厅，是家庭成员生活的主要活动空间，也是一套室内设计的灵魂所在，是家庭的“窗口”。通过客厅的风格特点能在一定程度上反映整个家庭的精神面貌和审美情趣，同时从功能上而言，它又起着连接卧室、厨房、卫生间、阳台等空间的作用，是整个住宅的交通中心。

图2-1　围合型客厅

1）客厅的功能

（1）家庭聚会闲谈

家庭聚会闲谈是客厅的主要功能，一般形式是通过一组沙发或座椅围合形成一个适宜交流的场所，家庭成员围坐在一起饮茶、聊天（图2-1）。

图2-2　方正布局型客厅

（2）会客

客厅在中国传统文化中是一个家庭对外交流的场所。在布局上要根据人机工程学的要求注意会客的距离和家具的摆放方式，形式上要创造舒适、亲切的氛围。空间设计上中心一般为矩形空间，茶几、沙发等家具构成主要格局，在陈设布置上摆放一些艺术灯具或花卉等（图2-2）。

图2-3 客厅视听一角

（3）视听

客厅中的电视已成为人们生活中不可缺少的一部分，在家庭聚会中也扮演着重要角色（图2-3）。随着科技的进步，智能家电的普及，对现代视听装置的位置、布局以及其与家居之间的关系提出了更精密的要求。例如，电视机的位置与沙发摆放要吻合；电视机的尺寸与观看距离的比例要统一协调；电视机的位置与窗户也有关系，要避免逆光；等等。

图2-4 多功能客厅

（4）娱乐

客厅中可以进行的娱乐活动有很多，特别是在节假日时，家庭成员在人数和活动内容方面都会有所增加，如棋牌、游戏、卡拉OK等娱乐活动会随着主人的兴趣爱好而产生，这时可根据每种活动的空间需要及使用性质来布局和设计（图2-4）。例如，游戏空间可利用电视来实现，棋牌活动可根据室内空间的大小考虑设置专门的棋牌室。

图2-5 书房一体化客厅

（5）阅读

在家庭活动中，阅读是一项比较重要的精神活动，阅读学习这件事的时间比较自由，地点相对来说也很灵活（图2-5）。例如，白天人们喜欢在阳光温暖的地方进行阅读，而晚上则喜欢在写字台或客厅的落地灯旁进行阅读，因此设计时要注意座椅的尺寸比例和灯光的照明要求等。

2）客厅的布置原则

（1）主次分明、个性突出

现代家居生活中，客厅是面积最大、空间最为开阔的地方，其整体风格形式是反映主人审美品位和生活情趣的重要指标。客厅设计的每一个小细节都要经得起推敲，这一切都可以通过材料、色彩、装饰品等“软装饰”来实现。

（2）交通动线组织合理

客厅在整体的功能设计中是主要的核心地带，常常与室内过道、客房等房间的门相连，是其他所有空间的交通纽带。设计合理的动线会保持客厅的完整性和安定性，设计不合理的动线则会出现很多斜穿的线路，导致室内交通路线太长。客厅交通路线的安排一般分为两种：一种是对原有的建筑布局进行适当的调整，如调整门户之间的对应位置；另一种是利用家具布置巧妙围合或分割空间，以保持区域空间的完整性。

（3）适当地创造一定的隐蔽性

在一套户型未经装修时，建筑结构往往会出现客厅与门户相连的情况，如果不加改变而进行装修，后期会对住宅的“安全性”“稳定感”造成比较严重的破坏。尤其是当客厅同时兼做餐厅时，客人的来访会对家庭生活的私密性带来很大的影响。因此，在设计入户空间时往往要设计玄关，避免开门就对整个室内一览无余。另外风水学上讲究卫浴门不正对客厅，因此常在门厅和客厅之间设置屏风、隔断或利用家具进行一定的分隔，提升隐蔽性以满足人们的心理需求（图2-6、图2-7）。

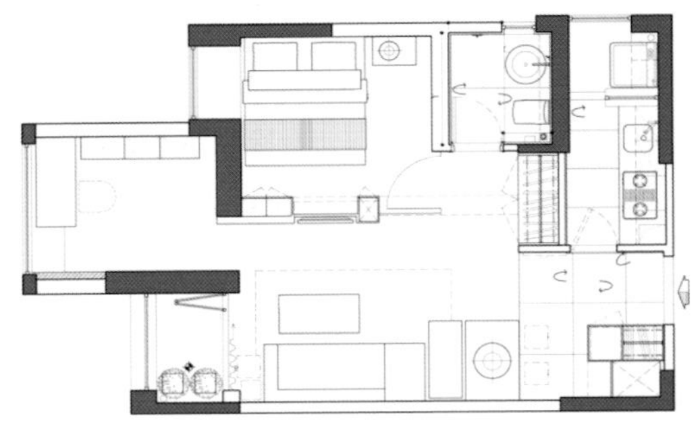

图2-6　户型布置图

图2-7　客厅一角

2.阳台

根据房屋面积大小，阳台可分为服务阳台、露台和院子。

1）服务阳台

服务阳台又称生活阳台，通常是家居生活中进行杂务活动的重要场所，以满足用户的洗衣、晾衣、储藏等功能。

服务阳台的设计原则如下：

（1）注意合理布置服务阳台与厨房的位置

通常，服务阳台与厨房有以下两种布局（表2-1）。

表2-1 服务阳台布局

A.服务阳台位于厨房外侧	B.服务阳台位于厨房侧边，与卫生间或餐厅部分连接

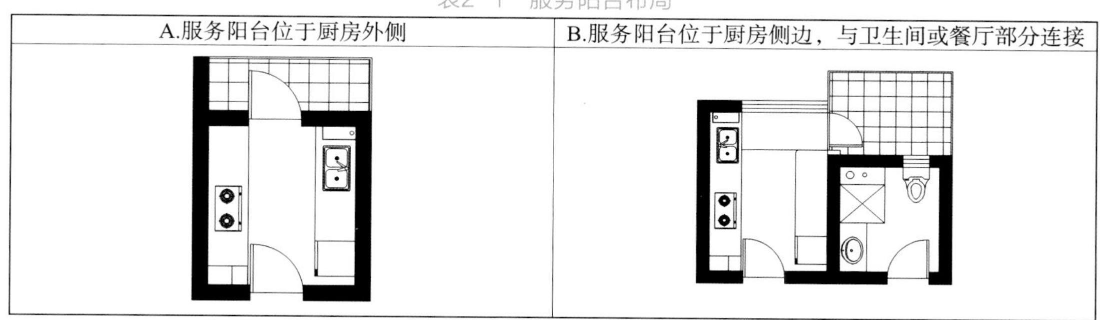

服务阳台与厨房的位置关系往往会直接影响厨房的采光、通风或橱柜、灶台的布置方位等。在建筑布局时有些户型很好地考虑了这一点，并综合了交通动线的长短、服务阳台开启对厨房台面布置的影响等，例如空调室外机、洗衣机的摆放等都会影响厨房的布局和利用。

在中国居住空间生活习惯中，大多数家庭的服务阳台都比较注重厨房与阳台之间的分隔。因为大部分厨房的设计都是整体式，比较整洁干净，而服务阳台由于功能设置比较多样化，内容往往较多，放在一起比较混乱，在分隔时需要注意一些细节。如果选用玻璃门或玻璃窗，最好使用磨砂玻璃或雾化玻璃，这样既不影响采光，又能避免服务阳台多样化的布置影响室内景观的展现。

（2）服务阳台应该设置一定的储藏空间

服务阳台储存的物品大致可分为如表2-2所示的四类。

表2-2 服务阳台储物分类

食品类	米面、饮料、干货等
清洁用品类	扫帚、拖把、抹布、吸尘器、水桶、盆子等
洗涤用品类	洗衣粉、柔顺剂、脏衣篮、搓衣板等
设备类	洗衣机、洗涤池、空调主机等

在实际设计中，建议尽量将阳台的侧面设计为墙面部分，可以依附墙体做隔板和吊柜，合理规划阳台空间，进行洁污分区，防止物品之间相互污染。

（3）设置洗衣机时要注意动线的便捷性

在住宅空间中洗衣机一般有如表2-3所示的三种放置形式。

表2-3 洗衣机布局方式

公共卫生间	主阳台	服务阳台

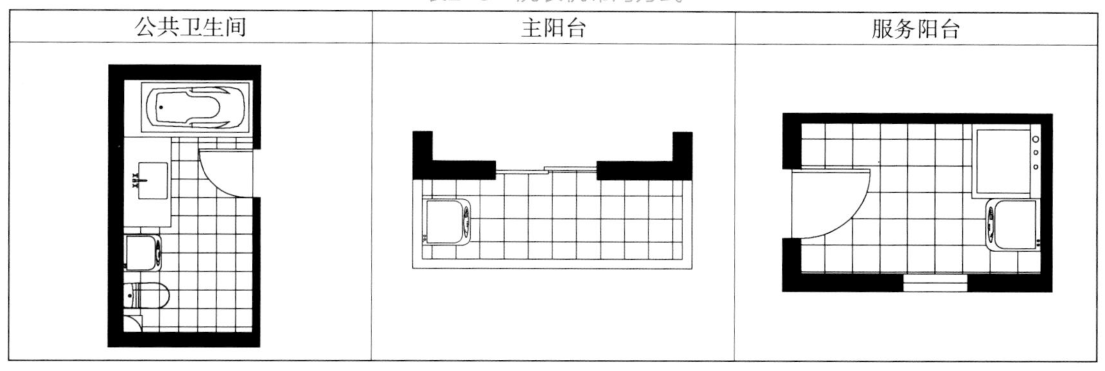

这三种方式各有优缺点，但都涉及劳动动线的长短性。从脏衣的放置到衣物的分拣、从衣物的搓洗（机洗）到晾晒，最后到衣物的回收和叠放等，如果动线过长，无形中就会增加劳动量和时间。因此，在设计过程中最好将设备就近放置，如洗衣机、洗衣池、晾衣区和清洁用品储存空间等最好都在一个空间或就近放置，缩短劳动路线（图2-8、图2-9）。

图2-8　相邻空间洗漱台

图2-9　独立空间洗漱台

2）露台、院子

在一套标准的户型结构中，阳台是标配，露台和院子则要根据住宅的类型及面积来设置，总的来说，需要遵循以下原则：

（1）合理控制数量和大小

在面积较大的户型或顶层住宅中，露台或阳台的数量设置过多，其实并不实用。建议阳台设置2~3个即可，其中包含一个有阳光的生活阳台和一个靠近厨房动线的服务阳台，进深控制在1200~1600mm。院子是指房型的所有附属场地、植被等，设计时要遵循整体一致性原则，院中各类景观要与房屋建筑、装饰风格保持一致。

（2）封闭式阳台成为设计趋势

不管是在南方还是北方城市，开敞式阳台都有很多弊病，如容易积灰、寒风容易侵入等。因此，考虑到生活实际需求和天气状况，封闭式阳台是一个不错的选择，它不仅可以扩大室内使用空间，而且可以充分利用空间，如兼做书房、花房、梳妆间、洗衣间、储物间等。在施工中需要注意做好阳台的防水防潮，另外，根据现代年轻人的住宅使用习惯，在设计中最好能在阳台设置电源或网络接口插座，便于一些临时电器或办公电器的使用（图2-10、图2-11）。

图2-10 花园阳台

图2-11 阳光书房

第二课　个体休息空间

课时：2课时

要点：了解休息空间分类及设计内容。

1.卧室

卧室是满足睡眠需求的空间，具有较高的隐私性。卧室主要可分为主卧和次卧。

1）主卧

主卧一般是为了满足住宅主人的睡眠和基本储藏功能而设置的，随着现代生活的需求，主卧的设计应考虑以下一些内容：

（1）增设放置床上用品的位置

除了床头柜之外，可适当放置一些与风格相搭的置物凳之类的家具，这样可以满足主人在临睡前搭挂衣物等需求（图2-12）。

图2-12　欧式风格卧室

（2）留有满足主人不同需求的空间余地

主卧应留有较为富裕的空间摆放满足主人特殊爱好的家具、设备（如书桌、画架、钢琴等），体现出个性化的需求（图2-13）。

图2-13 多功能卧室

（3）考虑增设婴儿床位置

随着二胎政策的开放，许多家庭又会迎来新生儿，这时可将主卧空间变换一下，临时加入婴儿床，方便照顾孩子。

2）次卧

次卧是住宅中排第二位的卧室，根据家庭结构、家庭成员的职业和社会地位等的不同，该房间可以定义为儿童房、青少年房、老人房、储藏室、保姆室、游戏房等不同空间。下面用儿童房、老人房来举例说明次卧的基本设计要求。

（1）儿童房

儿童是一类特殊人群，从年龄、身高来说，儿童房的家具应考虑符合人机工程学。如果一个家庭有两个孩子，就要考虑使用高低床，有条件的可以灵活分割出两个房间，满足孩子的共享空间和独立空间的变换交替。

随着儿童年龄的增长，儿童房会变为青少年房间，一些必要的生活家具（如书桌、收纳柜等）也需要在设计时预留或提前定制（图2-14）。

（2）老人房

在中国的家庭生活中，老年人是一个地位很高的群体，很多家庭都是三代同堂，这就决定了居住空间中有些房间是要为满足老年人的生活需求而设计的（图2-15）。

图2-14　儿童房

图2-15　老人房

老人房的基本设计原则如下：

①房间朝向最好是南方，这样可以保证大量的阳光能够照射进来。

②房间要有符合老年人生活习惯的家具，如床头柜、电视机、座椅、储藏柜、衣柜等，家具尽量选择有弧度的转角，避免老年人磕碰。

③房间尽量靠近卫生间，方便老年人晚上起夜。

2.书房

书房是为主人提供办公、学习、会客、交谈的房间，应具备谈话、上网、打印等基本办公属性。随着现代生活快节奏的加快，书房已成为家居生活中不可缺少的一个功能房间。

1）书房的布局（表2-4）

表2-4 书房布局方式

<table>
<tr><th>与卧室相连</th><th>与起居室相连</th></tr>
<tr><td colspan="2">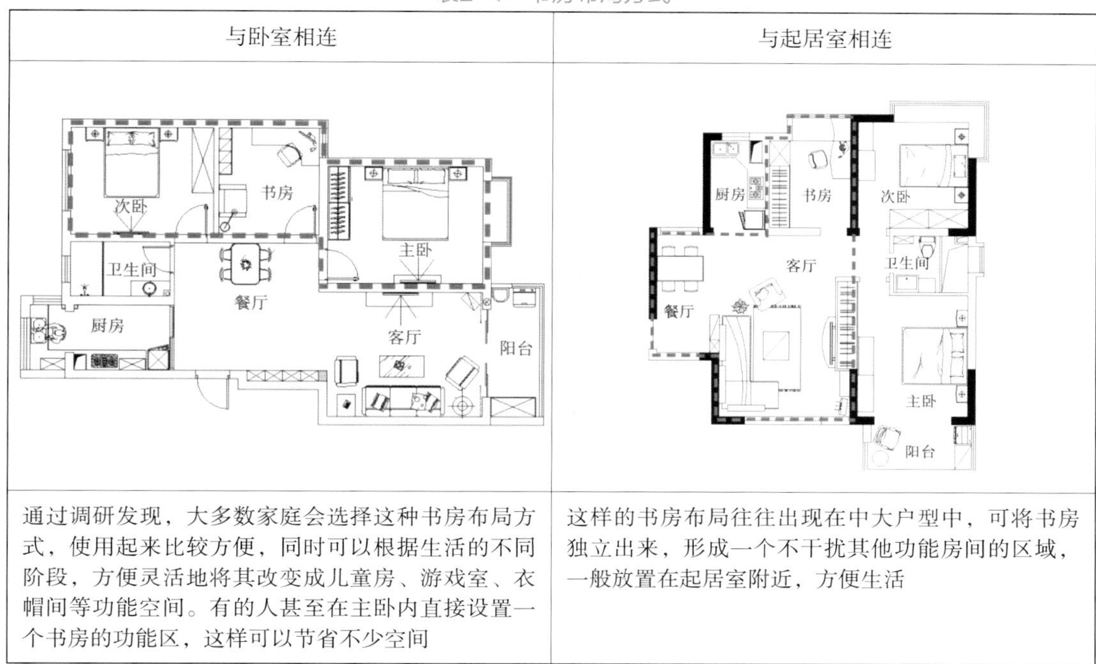
</td></tr>
<tr><td>通过调研发现，大多数家庭会选择这种书房布局方式，使用起来比较方便，同时可以根据生活的不同阶段，方便灵活地将其改变成儿童房、游戏室、衣帽间等功能空间。有的人甚至在主卧内直接设置一个书房的功能区，这样可以节省不少空间</td><td>这样的书房布局往往出现在中大户型中，可将书房独立出来，形成一个不干扰其他功能房间的区域，一般放置在起居室附近，方便生活</td></tr>
</table>

2）书房空间大小的处理

一般的户型设计中，各个基础空间的功能分区明确，而书房因为具有很大的可变性，在满足结构布局的情况下，结合空间感受和实用性，书房的面宽最好不要小于2600mm，面积8~11㎡较为合适。为了获取更多的光线，书房最好设置在阳台附近（图2-16、图2-17）。

图2-16 与客厅相连的书房

图2-17 独立式的书房

第三课　生活家居空间

课时：2课时

要点：了解生活家居空间的分类及设计内容。

1.厨房

在家居空间中，厨房主要是给人们提供三餐饮食的空间，基本功能包括烹调、备餐、清洁整理和储藏等。

1）厨房空间类型

在通常的居住空间布局中，厨房与餐厅是两个联系最为紧密的空间，根据二者之间的关系，厨房可分为如表2-5所示的三类。

表2-5　厨房的分类形式

开敞式厨房	封闭式厨房	餐厅式厨房
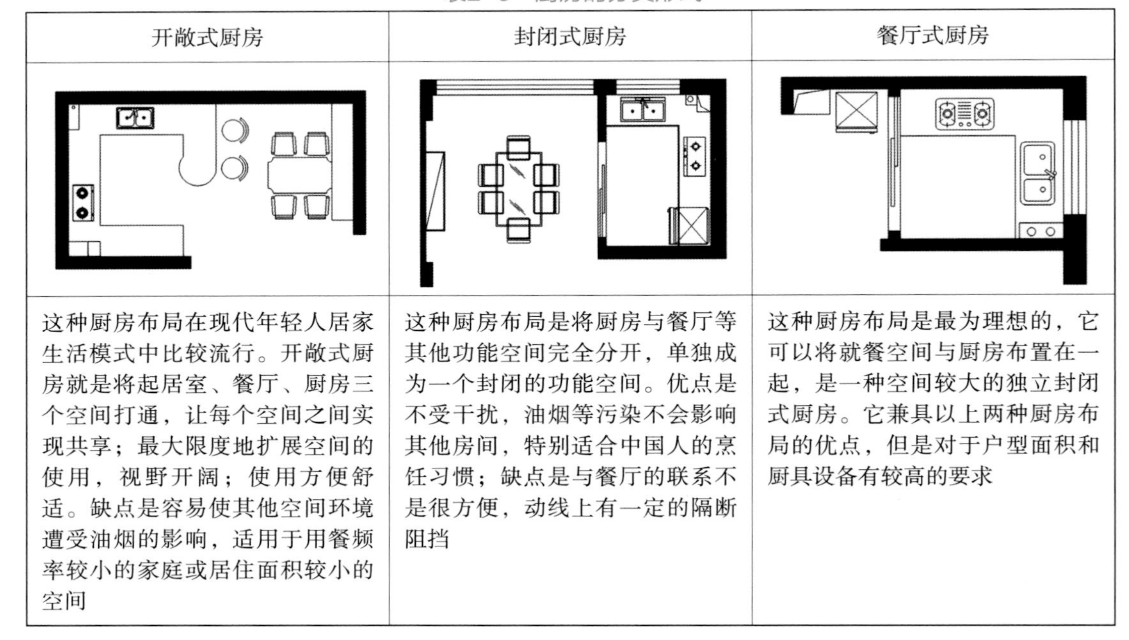		
这种厨房布局在现代年轻人居家生活模式中比较流行。开敞式厨房就是将起居室、餐厅、厨房三个空间打通，让每个空间之间实现共享；最大限度地扩展空间的使用，视野开阔；使用方便舒适。缺点是容易使其他空间环境遭受油烟的影响，适用于用餐频率较小的家庭或居住面积较小的空间	这种厨房布局是将厨房与餐厅等其他功能空间完全分开，单独成为一个封闭的功能空间。优点是不受干扰，油烟等污染不会影响其他房间，特别适合中国人的烹饪习惯；缺点是与餐厅的联系不是很方便，动线上有一定的隔断阻挡	这种厨房布局是最为理想的，它可以将就餐空间与厨房布置在一起，是一种空间较大的独立封闭式厨房。它兼具以上两种厨房布局的优点，但是对于户型面积和厨具设备有较高的要求

2）厨房家具的摆设要点

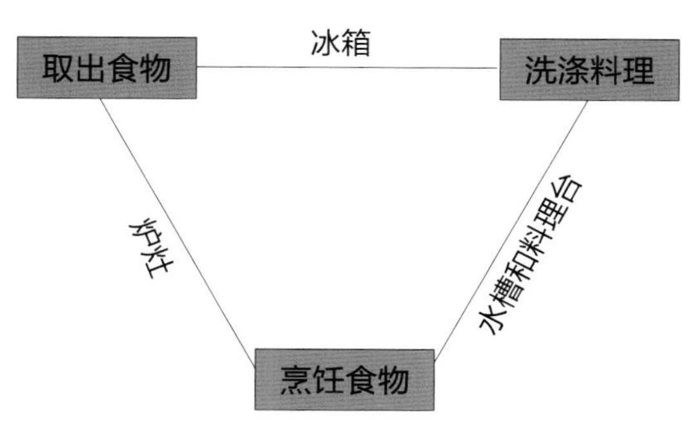

图2-18 烹饪流程图

人们准备食物的过程是取出食物（冰箱）—洗涤料理（水槽和料理台）—烹饪食物（炉灶），这三个工作点成为厨房的黄金三角动线（图2-18），三角形的三边之和不应超过6.7m（以4.5~6.7m为最佳）。很多生活实践案例和研究数据表明，水槽和炉灶之间的来回路程最为频繁，因此，建议将此距离缩短到最合理的尺寸。

这条动线的距离和顺畅，在很大程度上反映了厨房使用的方便性和舒适性，三者之间要保持动线短、不重复、作业性能良好。除了厨房的这条中心工作动线之外，还应该注意厨房的交通动线设计。交通动线应避免工作三角区，以免家人的其他动线对操作区域进行不必要的干扰（表2-6）。

表2-6 厨房的布局方式

布局	图示	说明
单排型布局	1400	把所有设备都布置到厨房一侧的形式称为单排型布局。这种方式便于操作，设备按照操作顺序布置，可以减小开间，一般宽度不小于1.4m。缺点是面积较小，厨房的设备较少，一般适用于小户型
双排型布局	2400	这种布局方式主要采用工作区沿着两对面墙进行布置。操作区可以作为进出的通道，提高了空间利用率。这种布局要求开间宽度至少为1.7m
L形布局	1800	这种布局方式将清洗、配膳与烹饪三大工作区域中心相互连接，极大地提升了厨房的使用率。在设计过程中不要将L形一面设计得过长，以免降低工作效率。总的来说，这种布局方式在现今的居家模式中较为普遍，经济适用
U形布局	2400	这种布局方式相对L形布局有两处转角，空间功能上设计更加合理，但户型的空间面积要求较大。设计中应尽量将工作黄金三角区设计成正三角区，以减少操作者的劳动量；尤其是水槽和炉灶之间的往复最为频繁，建议把这一距离调整到1.22~1.83m最为合理
岛式布局	4800 1200 900	这种布局方式在大户型或别墅中比较常见，需要有较大的空间。主要是在厨房空间的中心布置清洗、配膳与烹饪三大区域。有时也经常将烹饪和配膳设计在一个独立的操作台上，四面都可以进行操作，是一种很新颖实用的方案

3）厨房设计空间中的注意要点和设计原则

①水槽是厨房中进行洗涤清洁操作很重要的布局，需要有一定的身体活动空间和放置物品的台面，旁边尽量留有放置物品，如洗碗机、消毒柜等。

②炉灶是厨房中进行烹饪的重要操作台面，应避免放在窗前，否则抽油烟机的使用会遮挡窗户的光线，而且窗户吹进来的风有可能会将灶火吹灭而造成严重的安全隐患。灶具与水槽之间的操作台面至少300mm，以放置餐具碗碟等，附近不要放置冰箱及木质家具等容易起火的家电、家具。

③冰箱的位置应尽量靠近水槽，方便物品的摆放，尽量在水池和冰箱之间设置操作台连接。冰箱的摆放还应考虑开门的预留尺寸（一般预留50~80mm）。

总之，在确定厨房的形状、开门窗等位置时，要充分从住户的使用角度去考虑，尽量满足操作流线，在每一个操作台面之间预留好相应的尺寸，并且注意相互之间连续布置（图2-19、图2-20）。

图2-19　动线流畅的厨房

图2-20　整体化设计的厨房

4）厨房设计法则

①功能齐全，操作简便；家具、家电摆放合理，尺寸适度，符合人机工程学的操作。

②安全要有保障，水电、煤气、火之间的布局要有一定的距离，确保相互之间不会干扰，造成日后使用上的危险和不方便。

③三大界面的装饰材料要选择容易清洗的材质，如集成式吊顶、光滑易清洗的橱柜门和厨具等。

④家电的设备要齐全，质量和功能要选择有一定知名度的品牌，尤其是抽油烟机等重要厨房家电的选择，会对厨房日后的使用起到很关键的作用。

2.餐厅

餐厅是每个家庭在用餐时相互交流情感的场所。宽敞、明亮、舒适的餐厅是一个家庭不可或缺的重要部分（表2-7）。

表2-7 餐厅的规模

小型		300cm × 360cm（约11㎡） 四椅一桌
中型		360cm × 450cm（约16m^2） 六椅一桌
大型		420cm × 540cm（约23m^2） 多椅一桌

1）餐厅形式分类

（1）厨房兼容式

厨房和餐厅同处于一个空间，优点是能够缩短配餐和用餐后的动线，减少用餐时间；缺点是厨房的功能相对较多，设备麻烦，需要合理布置餐厅和厨房，使其动线不受干扰。

（2）客厅兼容式

客厅和餐厅是一个统一的整体，共同处于一个开放的空间，有利于增加居室的公共空间，视野也更加开阔，是很多家庭喜欢的布局（图2-21）。

（3）餐厅独立式

让餐厅、客厅与厨房完全隔开或利用较高的隔断分离开，形成一个较为独立的空间，使用起来与其他空间有区分，相互不影响（图2-22）。

图2-21　与客厅一体的餐厅

图2-22　独立式餐厅

2）餐厅设计原则

（1）使用方便

餐厅大多邻近厨房，方便取菜上菜。设计时离起居室位置较近为好，可以缩短人们的交通动线。

（2）要有充足的光线

进餐时要有充足的光线才能让人有食欲，因此餐厅应尽量选择采光较好的空间，灯具尽量选择简洁实用的款式。

（3）餐厅和厨房加强关联性

户型条件和面积允许的家庭可选择独立式餐厅，且尽量与起居室和厨房近一些。如果是在起居室或厨房公用的空间，餐厅的面积可以适当地增大，增强全家用餐的参与感，使家庭用餐氛围更加亲切。

3.卫生间

卫生间既是多样设备和多种功能聚合的家庭公共空间，又是私密性极高的空间。有的卫生间除了具备沐浴、排便等基本功能外，还兼具一定的家务功能，如洗衣、更衣等。所以，卫生间的设计要尽量做到干湿分区。

1）卫生间的分类

目前，家庭生活中双卫的设计已比较常见（表2-8）。

（1）主卫

主卫一般设置在主卧内，是私密性较强的空间。设计应满足主人各方面的需求，风格要与主人的兴趣爱好相符，可以有一定的个性化设计（图2-23）。

表2-8 卫生间的布局形式

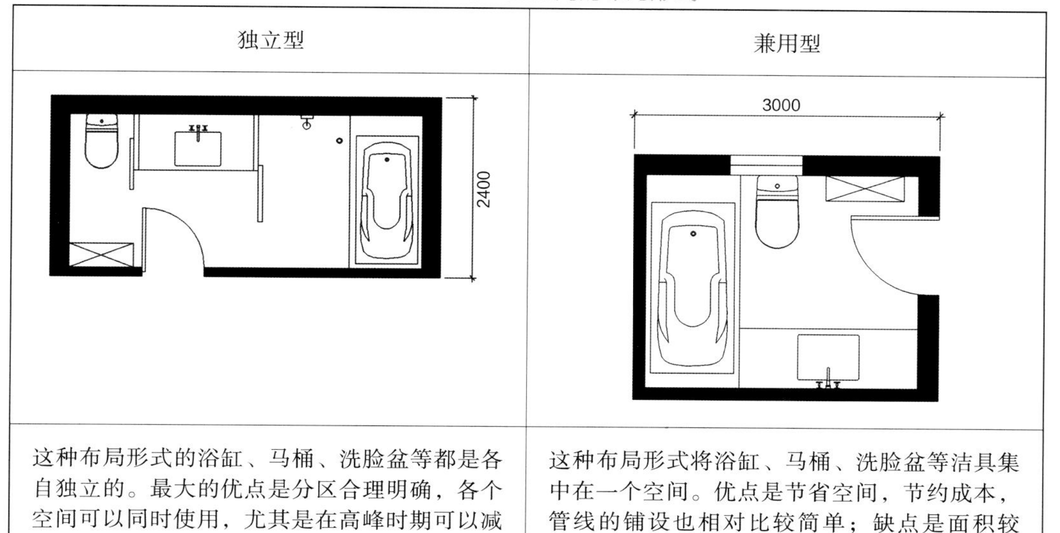

独立型	兼用型
这种布局形式的浴缸、马桶、洗脸盆等都是各自独立的。最大的优点是分区合理明确，各个空间可以同时使用，尤其是在高峰时期可以减少相互之间的干扰，使用起来方便舒适。这种设计户型面积较大的空间可以考虑	这种布局形式将浴缸、马桶、洗脸盆等洁具集中在一个空间。优点是节省空间，节约成本，管线的铺设也相对比较简单；缺点是面积较小，通常只能一人使用，不太适合人口较多的家庭

（2）次卫

次卫也称公卫，通常设置在客厅的边上，供除了主人之外的其他家人使用。设计简单实用，风格简单明快，也可与主卫风格一致（图2-24）。

图2-23 主卫

图2-24 次卫

2）卫生间的设计原则

①设备齐全，使用方便，质量要有一定保障。

②保证安全性，主要是用电的安全。开关插座位置要顺手，方便使用，不可以暴露在外。室内线路要做到密封防水和绝缘处理，瓷砖要有防水、防滑功能。

③保证卫生间的私密性，门窗或构件的安装要牢固，并保证有一定的通透性。

④重视清洁卫生，三大界面要选择易清洗的材料。

⑤通风性和采光性要好，一般的户型都是采用自然和人工相结合的通风方式。

4.玄关

玄关在佛教中原指“入道之门”，与中国传统文化关系密切，后来在建筑形式中也有所体现。例如，中国四合院中的影壁等构件与玄关的功能是一样的，是主人和客人进入室内的一个缓冲区域，在现代家居空间设计中也逐渐受到重视（图2-25）。

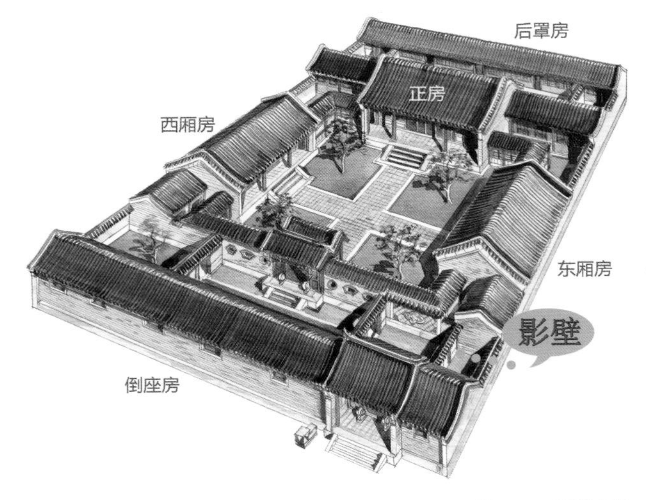

图2-25　建筑玄关

1）玄关的功能

（1）遮蔽性

玄关的存在本身就是为了给人们从室外进入室内提供一个缓冲空间。在这里，人们的身心得到放松，即将进入温馨的家庭环境。为了制造心灵上的安全感和室内空间的神秘感，玄关的设计一般都是整套户型的点睛之笔，尤其是要给来访的客人留下神秘感，不能让客人直接看见客厅。而是让客人通过玄关进入室内客厅有一种豁然开朗的感觉（图2-26）。

图2-26　独立式玄关

(2) 装饰性

玄关是人们入户见到的第一空间，对于整体房间的设计风格而言，玄关起到引入和奠定基调的作用。如果设计风格是中式或新中式，用几案加上圈椅的摆放就可以营造出中式氛围。如果是欧式风格的室内设计，玄关处可用灯光打亮一些文艺复兴时期的雕像。因此，玄关的设计一定要与室内的整体风格相呼应，让人一眼就能看出整体风格的基调（图2-27、图2-28）。

图2-27　中式风格玄关

图2-28　东南亚风格玄关

2）玄关的设计原则

①玄关适宜开间≥1000~1500mm，进深为250~300mm的区域，可考虑衣帽镜、柜的空间，包括入户花园、门厅、玄关柜、玄关台、鞋柜、收纳柜、屏风等。

②小户型住宅玄关设计至少应考虑设置鞋柜。

5.储藏间

一个家庭无论是在日常生活的各种使用功能方面，还是在美化家居、简化布置方面，都需要一定的储藏空间，尤其是几代同堂的家庭，储藏间的设置就显得非常有必要。储藏间的主要功能是储藏一些衣物、棉被、箱子、杂物等。如果是小户型，人们会将客厅、餐厅和厨房等其他空间都设置兼做储藏功能的家具，不再单独设储藏室（图2-29、图2-30）。

图2-29　异形储藏间

图2-30　规则的独立式储藏间

储藏室的设计原则：

①以方便实用为主，重视储藏操作的可及性和灵活性。可按照不同种类将物品划分为不同区域，分类储藏（表2-9）。

表2-9 按照使用性质分类

日常用品	吸尘器、改锥、钳子、旅行箱、行李架等
季节用品	换季被褥、凉席、电扇、电暖器等
爱好用品	渔具、露营设备、折叠床、梯子等
暂存用品	淘汰的家用电器、外包装纸箱、装修剩余材料等

②保证室内干燥，避免物品发霉，在储藏一些特殊物品时应考虑室内的通风、排气等设计。例如，把墙体设计成条形窗格状，保持空气流通，同时也节省空间。

③保持室内干净整洁。根据物品的体积大小，合理设计不同尺寸的隔间（表2-10）。

表2-10 根据物品的体积大小设置储藏空间

隔板/搁架	大件箱状物品：旅行箱、装箱电器等
缝隙空间	板状物品：折叠床、梯子、折叠后的纸箱等
橱柜/抽屉	零散物品：礼品、改锥、锤子、钉子等

作业与思考：

1.户型空间按照功能形式分为几种？每种形式又包含哪些空间？

2.谈谈你对每种空间形式设计特点的理解。

3.结合人机工程学，说说你对卫生间和厨房设计原则的理解。

第三单元
小户型居住空间设计

课　　时：8课时

单元知识点：小户型居住空间设计是居住空间设计里非常重要的组成部分。从市场的需求来看，小户型在建筑户型中也占有比较重要的份额。随着城市的发展，城市空间越来越拥挤，土地和能源资源越来越有限，人和人之间的交往越来越疏远。我们需要从全新的角度思考和设计富有生态和人文气息的住宅，以满足时代发展的需要。本章通过对小户型空间的介绍，让学生掌握小户型的概念分类以及设计方法。

第一课　小户型居住空间的概念和分类

课时：4课时
要点：了解小户型的居住空间的分类及相应的特点。

1.小户型居住空间的概念

严格来说，小户型居住空间并没有一个明确的定义。本书主要指建筑面积不大于70m^{2}的小户型居住空间。

2.小户型居住空间的分类

小户型居住空间按照不同的角度可以进行不同的分类。具体分类如下：

1）按面积大小和户型结构分类

（1）单间配套

单间配套指一间只包含了客厅、餐厅、卧室的房间，除了卫生间和厨房外，客厅和卧室没有明确的界限。为了满足市场的需求，有些单间配套的户型设计了生活阳台，只计算一半面积。这样，面积稍大一点的阳台可以改造成一个房间，变成一室一厅，也就是我们平常所说的“一改二户型”。

（2）一室一厅

顾名思义，一室一厅就是有单独的一间卧室，与客厅有明显的界线。

（3）两室一厅或两室两厅

这种户型有两间独立的卧室，与客厅分开，根据客厅的大小可分为带餐厅的两厅和不带餐厅的一厅。这是最常见的一种户型结构，适合不同需求的人群，在设计上也可以呈现出不同的风格。

（4）LOFT复式

LOFT，牛津词典上的解释是“在屋顶之下，存放东西的阁楼”。20世纪40年代，LOFT这种居住方式首先出现在美国纽约，艺术家和设计师利用废弃的厂房，分隔出便于工作、生活、社交的空间。LOFT一开始最主要的使用人群是艺术家，他们在宽敞的空间里可以进行艺术创作、举办展览，还可以居住，既利用了废弃资源，又满足了生活和工作需求。因此，在很长一段时间，这样的厂房式居住方式受到年轻人的喜爱，LOFT风格也和厂房粗犷、奔放的工业风格紧密结合在一起（图3-1）。

图3-1　LOFT室内空间

20世纪90年代以后，LOFT成为一种席卷全球的时尚。2000年以后，LOFT开始在国内流行起来，但更多的是指高大而敞开的空间，具有流动性、开放性、透明性、艺术性等特征。LOFT户型面积一般为30~50m^2，层高为3.6~5.3m。在销售时通常按照一层的建筑面积计算，但实际使用面积可达到销售面积的两倍左右（图3-2—图3-4）。

图3-2　LOFT小户型设计

图3-3　LOFT工业风设计

图3-4 LOFT现代风格设计

2）按功能分类

（1）普通的小户型居住空间设计

这里指的主要是前面提到的几种常见的类型。

（2）特殊环境下的小户型居住空间设计

①模块化建筑和居住空间

从建筑设计上看，我们经历了从砖混结构到框架结构的发展，居住空间和建筑空间息息相关。今后，“模块化空间”会大量出现在未来的建筑和居住空间里。

模块化建筑，又称空间体系的模块装配建筑，它是由不同模块组合而成的建筑形式，相当于一个“盒子”。模块的结构随着科学技术的发展也具有很强的灵活性，各个单元自成结构，不依赖于其他单元。通常根据不同的需求，模块被分为不同的空间，如卫生间、厨房等。所有模块的构建都会预先在工厂进行定制，然后运送到工地利用吊装设备完成施工。许多著名的建筑师都尝试过模块化概念设计，1974年勒·柯布西耶提出了“抽斗式住宅”的概念，把建筑承重结构和使用结构进行了分离。

②模块化建筑空间的特点

a.组合方式多样化

日本东京的有机住宅，主要特点是打破了室内和室外空间的界限，让用户有更多的动态体验，把生态和城市联系起来（图3-5—图3-11）。

图3-5　东京树巢居鸟瞰图

图3-6　东京树巢居入口

图3-7　东京树巢居空间视野

图3-8　东京树巢居空间关系

图3-9　东京树巢居过渡空间

图3-10　东京树巢居室内空间

图3-11　东京树巢居卫生间

b.可移动性

丹麦的Walking House，是一个可移动的房子。房子可以收集雨水，利用太阳能加热，里面有小型的生态卫生间、专供取暖的壁炉和可以种菜的温室。每个单元可以容纳4个人，还可以根据需要进行扩充（图3-12—图3-17）。

图3-12　丹麦“行走的房子”

图3-13　支撑结构

图3-14　丹麦“行走的房子”外观

图3-15　丹麦“行走的房子”室内空间

图3-16　丹麦“行走的房子”内部结构

图3-17　丹麦“行走的房子”供水系统

c. 绿色环保、节能经济

来自西班牙设计师的设计，在$34m^2$的空间里打造出模块化的居住空间（图3-18—图3-23）。

图3-18 客厅

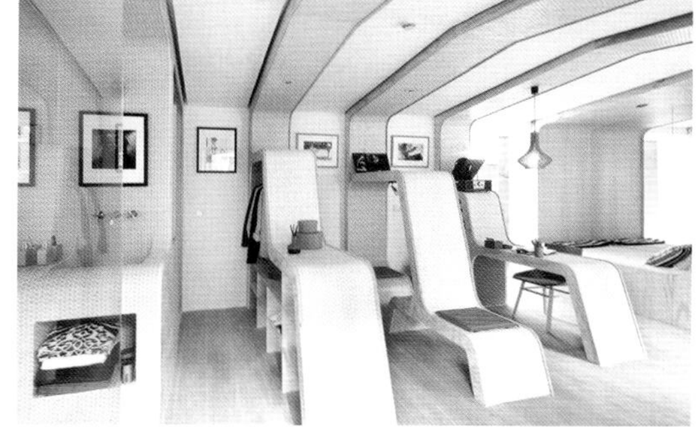

图3-19 客厅细节

图3-20 办公空间

图3-21 休闲空间

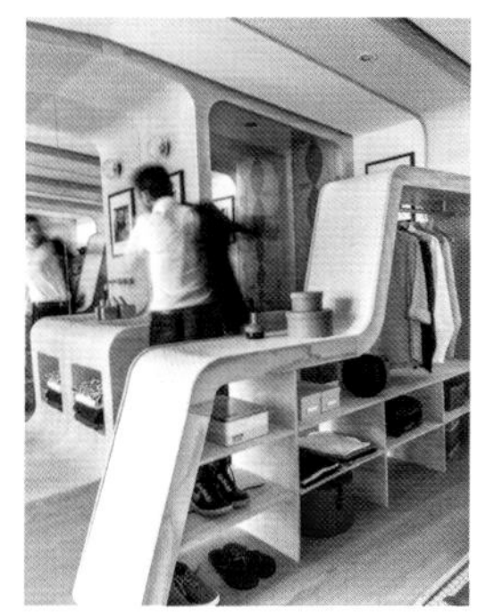

图3-22 家具细节

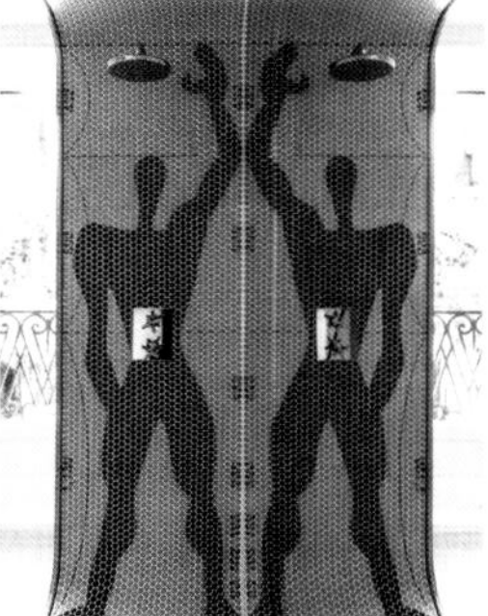

图3-23 空间尺度

案例一

1967年，加拿大蒙特利尔市“住宅67”集合公寓，由3个山丘状的住宅组团联合为一体，包括354个模块单元，高12层，住户居住空间面积为56~$168m^2$不等。住宅空间组合既具有私密性又具有较好的视野。该设计具有较强的代表意义，是人们对人性化建筑的重新思考，体现了人文与自然景观的完美结合，也体现了可持续发展的理念。

案例二

1972年，日本建筑师黑川纪章设计的日本东京中银舱体楼，占地面积约400m²，总建筑面积3000m²，是一个为夜班工人提供休息场所的旅店。黑川纪章与运输集装箱生产厂家合作，在工厂预制建筑部件并在现场组建，将所有的家具和设备都单元化。该建筑的特点是在两个突出的核心筒上有140个正六面体的舱体，10—12层分别悬挂在内设电梯和管道的钢筋混凝土的核心筒上，每个舱体用四个高强螺栓固定。中银舱体楼是标准的模块化单元，每一个单元就是一个基本能满足日常生活的独立居住空间，而整个大楼就是由若干个这种居住单元组成。建筑的中央是一个设有电梯和竖向管井的钢筋混凝土塔楼，它既是整个建筑的交通枢纽，又是整个建筑的承重结构。

该建筑所有的舱体都是一样的结构，其形状和大小对一个最小的独立居住空间来说有最低的要求，它的卫生和舒适依靠电子设备来保证。舱体统一在集装箱工厂预制，表面为防风雨涂饰，盒子构件的平面尺寸为2.7m×4m，内有一个日本风格的卫生间和可以提供暖气、通风的居住空间。盒子内部设计紧凑，空间虽小，但是家具、电视、电脑、音响等设备应有尽有，为居住者提供了一个舒适而经济的居住环境（图3-24—图3-26）。

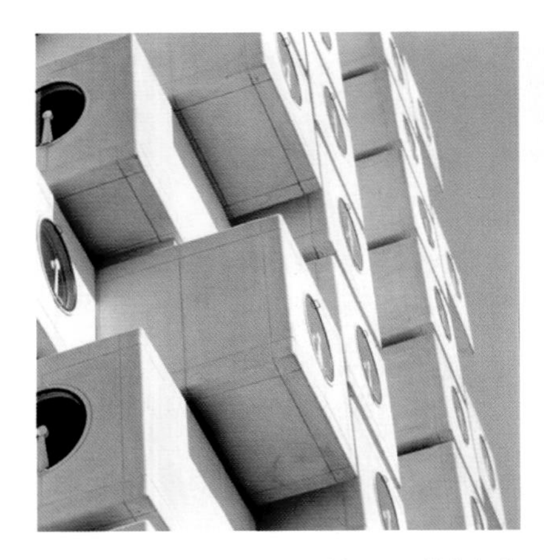

图3-24　模块组合

图3-25　室内空间

图3-26　日本东京中银舱体楼外观

案例三

华南理工大学2013年设计的可持续生态“绿色凹宅”，建筑面积45m²，在这个有限的空间里，主要分为居住空间和有机农场式的开放空间，两者被中间的H形灰色空间所包围，类似中国传统四合院的居住类型，但融入了现代化的生活方式。该建筑的墙体与家具充分结合，厚度为400~600mm，有着优异的保温隔热能力，有助于降低能耗和保持室内整洁（图3-27—图3-41）。

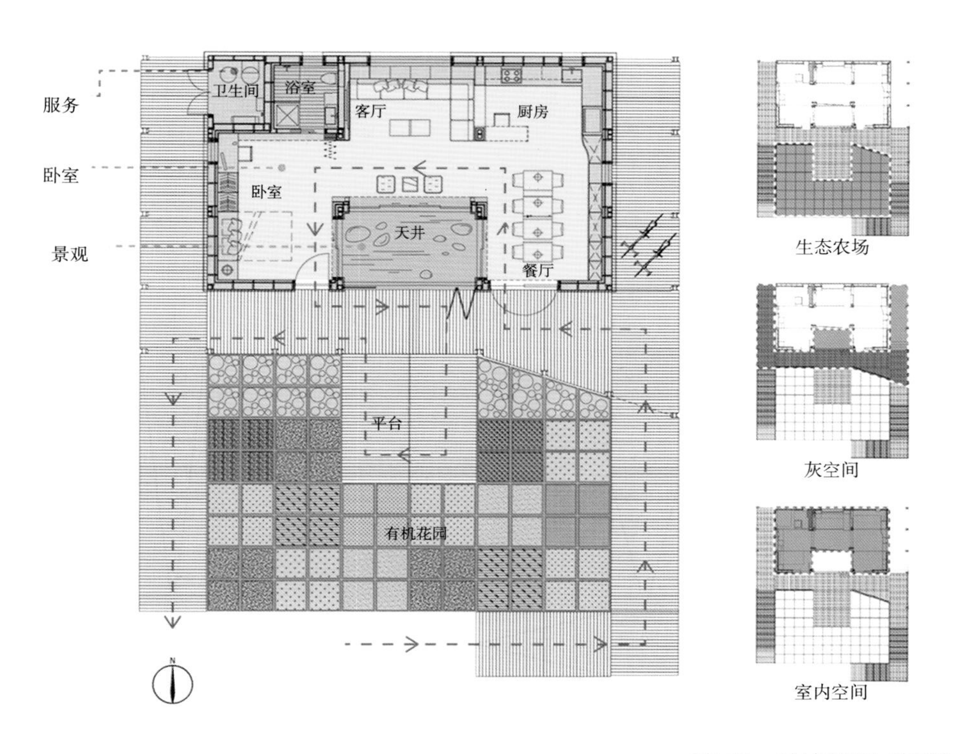

图3-27　“绿色凹宅”平面图

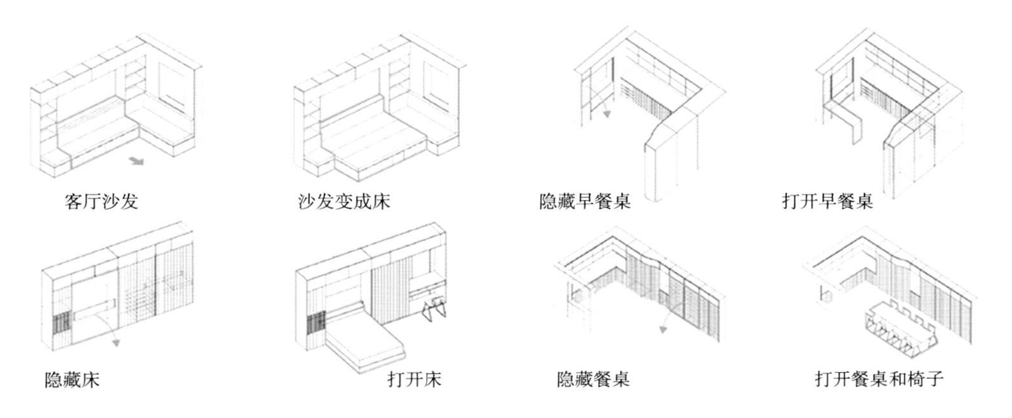

图3-28　灵活可变的家具

“绿色凹宅”室内具有灵活可变的家具，可以举办沙龙，折叠餐桌后可提供8人的晚宴，同时可以享受120寸画幅的家庭影院系统。用户在45m^{2}的凹空间里能获得200%的使用效率。建筑物中庭是一个可以自我调节的阳光房，两扇采光窗在智能系统控制下可以自动开启、引导风向，贴有反射膜的中空LOW-E玻璃提高了其优异的性能。

图3-29　卧室

图3-30　餐厅

图3-31　空间轴线

图3-32　过渡空间

图3-33　室内空间

图3-34　可变空间

凉风穿过中庭

中庭的温度被保存下来

打开窗户

中庭水景

阳光照射中庭

关上窗户

夏季

冬季

图3-35　中庭被动式节能原理

图3-36　入口　图3-37　入口格栅设计　图3-38　模块化的有机农场

图3-39　屋顶的太阳能系统

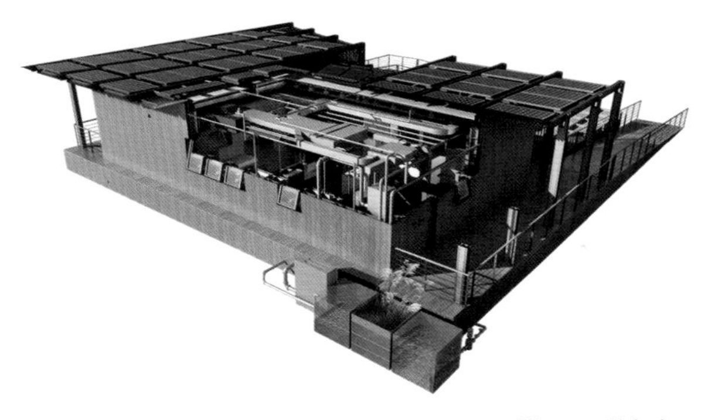

图3-40　设备房

图3-41　模块组装运送

（3）实验性居住空间

实验性居住空间主要是设计师在特定的环境下为了某种目的所做的尝试或实验。

案例一

“Men’s Fashion”这个实验性的居住空间，是由德国一所大学的几个学院共同合作设计的，它实现了在最小的单元居住空间内为居住者提供相对灵活的使用功能。根据不同的功能需要，室内可分为三个部分：第一部分包括供休息的床铺和供学习的桌椅；第二部分是滚动轮部分，也是一个缓冲空间；第三部分包括带水槽的厨房空间和供存储物品的柜子。这三部分均可根据使用需要进行转动（图3-42、图3-43）。

图3-42　休息和学习空间

图3-43　滚动缓冲空间

案例二

日本东京NA住宅（图3-44—图3-49）。

图3-44　日本东京NA住宅

图3-45
日本东京 NA住宅室内空间

图3-46　日本东京 NA住宅模型

图3-47　日本东京 NA住宅建筑外观

图3-48　日本东京NA住宅室内的不同功能

图3-49　日本东京NA住宅空间关系

（4）无障碍居住空间

20世纪50年代，欧美及日本设计界提出了“无障碍空间设计”。无障碍居住空间主要针对的是有障碍的人群，在国内还处于一个初级阶段，需要我们在这个方面做更多的研究和尝试。通常来说，无障碍室内空间设计要求如下：

①建筑入口、门厅

残疾人进入建筑物内的入口应为主要入口，从入口大厅要能够清楚地看到建筑物内的主要部分，特别是楼梯、电梯、自动扶梯等主要设施。建筑入口为无台阶、无坡道的无障碍入口时，入口室外地面的坡度不应大于1：50。公共建筑与高层、中高层居住建筑入口设台阶时，必须设置轮椅坡道和扶手。无障碍入口和轮椅通行平台应设雨棚。入口门厅、过厅设两道门时，门扇同时开启的最小间距应满足小型公共建筑门厅门扇间距≥1.2m，大、中型公共建筑门厅门扇间距≥1.5m。在正常人经常出入的建筑物入口大厅，还应设置便于视觉障碍者使用的内部信息板。

②走廊、过道

走廊、过道和地面应尽可能做成直角形式。按规范要求，避难通道应尽可能短，便于轮椅通行，走廊的拐角做成斜面或曲面。使用不同材料铺装的地面应相互取平，如有高差，不应大于15mm，并以小斜面过渡。在走廊的一侧或尽端与其他地坪有高差时，应设置栏杆或栏板等安全设施。人行通道和室内地面应平整，不光滑、不松动和不积水。门扇向走道内开启时应设凹室，凹室面积不应小于1.3m×0.9m。从墙面伸入过道的突出物不应大于0.1m，距地面高度应小于0.6m。层数和房间名等标志应同时便于视觉障碍者使用。

③楼梯、扶手、台阶

残疾人使用的楼梯设计必须符合规范要求。主要楼梯不要设计成螺旋形，应采用有平台的直线形梯段和台阶，避免踢脚板漏空或踏面过于突出的设计。公共建筑梯段宽度不应小于1.5m，居住建筑梯段宽度不应小于1.2m，同时应注意楼梯的防滑设计。明步踏面应设高度不小于50mm的安全挡台，距踏步起点与终点250~300mm处应设提示盲道，踏面和踢面的颜色应有区分和对比。残疾人使用的坡道、台阶及楼梯两侧应设高0.85m的扶手。如果条件允许，可同时设置幼儿使用的高为0.65m的低位扶手。扶手起点与终点处延伸应大于或等于0.3m，以扶手的方向与身体移动的方向并行为宜。扶手内侧与墙面距离为40～50mm。扶手末端应向内拐到墙面，或向下延伸0.1m，以告知盲人或弱视者空间的转换。交通建筑、医疗建筑和政府接待部门等公共建筑，在扶手的起点与终点应设置盲文说明。

④电梯

电梯是人们使用最为频繁和理想的垂直通行设施，尤其是残疾人、老年人及幼儿在公共建筑和高层、中高层居住建筑上下活动时，通过电梯可以方便地到达每一楼层。按规范要求，公共建筑和高层、中高层居住建筑在配电梯时，必须设无障碍电梯。候梯厅、电梯轿厢的无障碍设施与设计也有一定的要求，室内设计电梯的位置应靠近出入口。电梯入口地面应设方便视残者的电梯位置提示标志，标志应设在呼叫按钮下方，而不应正对门中间，否则如果视残者站在门前，会与走出电梯的人相撞。候梯厅的深度大于或等于1.8m，呼叫按钮的高度大于或等于0.9m。电梯门洞宽度大于或等于0.9m，电梯内的专用操作盘的安装高度应方便坐轮椅者操作。轿厢深度大于或等于1.4m，轿厢宽度大于或等于1.1m。正面和侧面应设高0.8～0.85m的扶手，使人在操作按钮和电梯升降时保持身体平衡。轿厢侧面应设高0.9～1.1m的带盲文说明的选层按钮，以方便视残者使用。轿厢正面高0.9m处至顶部应安装镜子，以便人们进入电梯或向后退出时能看到背后的情况。电梯内还应设内线电话、报警灯、呼救信号等，以便发生故障时能立即与控制室取得联系。电梯内外均宜设显示电梯所处楼层的指示牌，其高度不应被遮挡。电梯内应配备专用按钮或装有光电管，做到有人出入时，门不夹人。

⑤公共厕所、浴室、卫生间和专用厕所、浴室、卫生间

公共厕所、浴室、卫生间和专用厕所、浴室、卫生间是与人们生活密切相关的空间，其设计得合理、适用与否，直接影响残疾人和老年人的行动范围，对他们来说至关重要。卫生间和浴室是室内事故的高发区，应特别注意。供残疾人使用的卫生间和浴室要易于寻找和接近，并有无障碍标志作为引导。卫生间的设计应严格依照残疾人的行为特点，强调安全、适用、方便，对支持物和抓杆的尺寸、形状、材料和位置等要精心设计，安装要牢固。地面应平整无高差，采用遇水不滑、便于清洗、跌倒时能减少撞击力的材料。无论什么建筑物都必须分别设置男、女轮椅使用者可使用的无障碍隔间厕位，洗手台各一处以上。厕所出入口的有效宽度应＞0.8m，内外高差应＜1.5mm，厕所中应有保证轮椅回转的空间。残疾人可使用的厕位应设置坐便器，同时设扶手等支撑物。距洗手台两侧和边缘50mm处应设安全抓杆。洗面器前应有1.1m×0.8m 的回转范围，其下部应设计成能将膝盖伸进去的空间，上方应设置轮椅使用者可使用的镜面。无障碍浴间应采用门外可紧急开启的门插销，并且在距地面0.4～0.5m处设求助呼叫按钮。淋浴间不应小于3.5m（门扇向外开启），应设0.7m的水平抓杆和高1.4m的垂直抓杆。政府机关、大型公共建筑及城市主要地段，必须设无障碍专用厕所，面积≥2m×2m 。厕所内应设置坐便器、洗手台、放物台、挂衣钩、呼叫按钮、安全抓杆等，且应符合规范要求。

⑥无障碍客房

设有客房的公共建筑（如旅馆），应按约2%的比例设置方便残疾人使用的客房。客房应设在客房层的底部，靠近服务台和公共活动区及电梯、出入口处。由于残疾人出行时常常有人陪同，故每间客房至少需要两张床。客房床面的高度、坐便器的高度、浴盆或淋浴座椅的高度，应与标准轮椅座高一致，以方便残疾人进行位置转换。客房门的宽度和把手应满足乘轮椅者使用要求，门上应有上下两个观察窗。客房的通道及两个床位之间应留有不小于1.2m的轮椅回转空间。卫生间和客房的适当部位需设紧急呼叫按钮，警报装置最好视听并重，其设计可参照公共卫生间。

第二课 小户型居住空间设计的特点及功能需求

课时：2课时

要点：了解小户型居住空间设计特点及功能需求。

1.小户型居住空间设计的特点

小户型居住空间，顾名思义是指面积小、空间小的空间。这类空间通常坐落于城市的中心，交通便利，生活配套设施齐全，是大多单身人士或新婚夫妇初次置业的选择。

其空间特点：

①面积小；

②空间灵活多变；

③功能上满足“麻雀虽小，五脏俱全”。

其设计法则：

①最大可能充分利用空间特点，弥补空间的缺陷；

②满足多功能需求；

③充分考虑设计对象的需求；

④经济性与美观性相结合；

⑤生态与健康并存。

2.小户型居住空间设计的功能需求

空间设计要满足不同人群的生理和心理需求。例如：儿童和成年人的尺度不同；年轻人和老年人的色彩需求不同；不同职业的人群对空间的开放性程度有不同的需求等。下面主要从人机工程学和人的行为心理学方面来强调一下。

1）人机工程学

人机工程学主要研究人的尺度，设计要符合人的尺度才能保证所设计产品的舒适度。大千世界，不同的人有不同的尺度，同一把椅子，有的人坐起来舒适，有的人坐起来不舒适。因此，如果要设计一个让大部分人坐起来都舒适的椅子，就要对大部分人群进行充分的调查和研究，得出相应的数据作为设计的依据。

室内空间的需求也要符合人机工程学，以下提供一些常用的数据仅供参考，具体设计的时候还需要根据户主的具体情况进行适当的调整。

（1）墙面尺寸

①踢脚板，高80~200mm

②墙裙，高800~1500mm

③挂镜线，高1600~1800mm（画中心距地面高度）

（2）餐厅

①餐桌，高750~790mm

②餐椅，高450~500mm

③圆桌，直径：两人500mm、三人800mm、四人900mm、五人1100mm、六人1100~1250mm、八人1300mm、十人1500mm、十二人1800mm

④方餐桌，长×宽：二人700mm×850mm、四人1350mm×850mm、八人2250mm×850mm

⑤餐桌，转盘直径：700~800mm

⑥主通道，宽1200~1300mm；内部工作道，宽：600~900mm

⑦酒吧台，高900~1050mm，宽500mm

⑧酒吧凳，高600~750mm

（3）卫生间

①卫生间，面积3~5m^2

②浴缸，长：1220mm、1520mm、1680mm，宽720mm，高450mm

③坐便器，750mm×350mm

④冲洗器，690mm×350mm

⑤盥洗盆，550mm×410mm

⑥淋浴器，高2100mm

（4）灯具

①大吊灯，最小高度2400mm

②壁灯，高1500~1800mm

③反光灯槽，最小直径等于或大于灯管直径的两倍

④壁式床头灯，高1200~1400mm

⑤照明开关，高1000mm

（5）办公家具

①办公桌，长1200～1600mm，宽500～650mm，高700～800mm

②办公椅，高400～450mm，长×宽：450mm×450mm

③沙发，宽600～800mm，高350～400mm，背高：1000mm

④茶几，前置型：900mm×400mm×400mm；中心型：900mm×900mm×400mm、700mm×700mm×400mm；左右型：600mm×400mm×400mm

⑤书柜：高1800mm，宽1200～1500mm，深450～500mm

2）人的行为心理学

行为科学是以人类行为为课题的科学，一般包括社会学、社会和文化人类学、心理学以及生物学中的行为问题，其中主要包括空间领域和个人空间两个方面。

（1）空间领域

空间领域是指人所占有与控制的一定空间范围，是个体或群体为了满足某种合理需要，从而占有并控制一个特定空间中的所有物。空间领域的主要功能，不仅为个人或群体提供了安全感与刺激感，还表明了占有者的身份。此外，领域还使占有成员增强了从属于同一空间的认同感。由于社会习俗的不同，不同的人群对领域空间的要求是不一样的。斯蒂将领域按照社会组织结构分为三个层次：领域单元（即个人空间）、领域组团和领域群。他把个人空间定义为一个小的圆形物质空间，以个体为中心，文化上的因素影响着半径；领域组团包含了个体空间及其交往频繁的通道；当每一个群体中的个体，同时都具有自己所属的其他组团，那么包含这些组团的集合则被定义为领域群。在领域群中，即使个人的空间也会被集体成员视作“我们自己的领域”。以一座办公楼为例，这座大楼本身便构成一个领域群，而其中的每一个部门或每一间办公室，则成为领域组团，而办公人员个人空间，则限于他办公桌周围的一个狭小的范围之内。

（2）个人空间

人在空间环境中的分布是保持着一定距离的，领域性的表达是以人与人之间的距离为基本潜在量度的。在考虑个人空间的问题时，豪尔对这种距离的本质提出了许多看法，他将人们之间的距离分为四种，而这四个概念又是在远近的基础上分别加以论述的。简单地讲，所谓亲密距离即是指人们相互接触的距离，约在30cm以内，包括抚摸、格斗等；个体距离是指人们相互交谈，或用手、脚向对方挑衅的距离，约为35～120cm；社会距离即人们进行相互交往或办公的距离，约为1.2～3m；公众距离则是指一般陌生人的距离，约为3～9m，在这个距离内，人们既可以很容易地接近从而形成社会距离或个体距离，同时也能在受到威胁时迅速地逃避。

第三课　小户型居住空间设计的经典案例分析

课时：2课时

1.日本的小户型居住空间设计

由于日本土地资源有限，造就了很多小空间建筑和设计大师。日本的小空间设计值得我们学习。

案例一：日本秋田县昭和町

建筑面积30m^2，位于昭和町住宅区一排房屋的夹缝里，开间只有3m，进深10m（图3-50—图3-56）。

图3-50　夹缝中的建筑

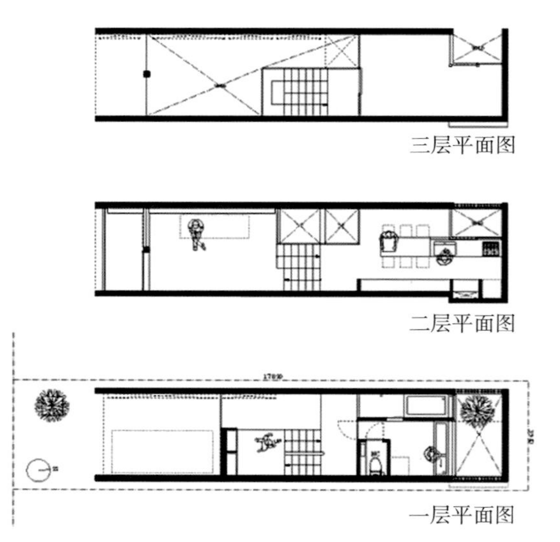

图3-51　平面图

图3-52 自然照明

图3-53 空间俯视

图3-54 小空间利用

图3-55 室内楼梯

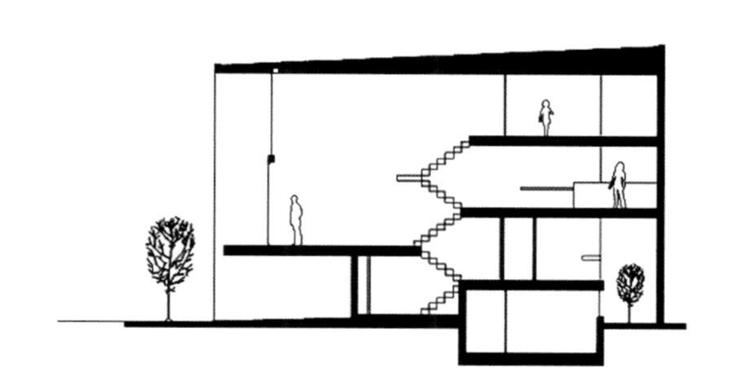

图3-56 剖面图

案例二：日本大阪的住宅

该项目是对日本大阪一座公寓中的居住单元进行的改造。业主希望获得“宽敞明亮的空间”和“两倍于一般住宅的储物间”，尽管这两个要求有些自相矛盾，但这正是所有人都想要的。为了在有限的建筑空间内满足业主的需求，设计将关注重点放在了空间背后的三个要素上（图3-57—图3-62）。

①空腔：装修时从结构上架起的基座中会有许多空腔，当其没有被设置在需要的位置时，便产生了大量浪费的空间。

②储物空间占地：衣柜等固定储物家具的空间占用率很高。

③规则的框架结构：空间中的梁和柱会影响室内平面的设计。

基于以上三点，设计师尝试将这三个元素整合在一起，创造出巨大的梁柱形式以在空间中隐藏它们的存在。

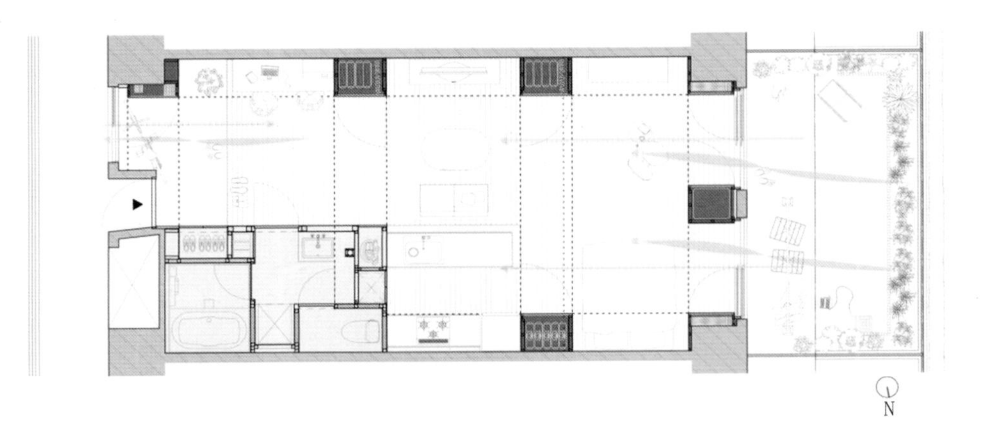

图3-57 平面图

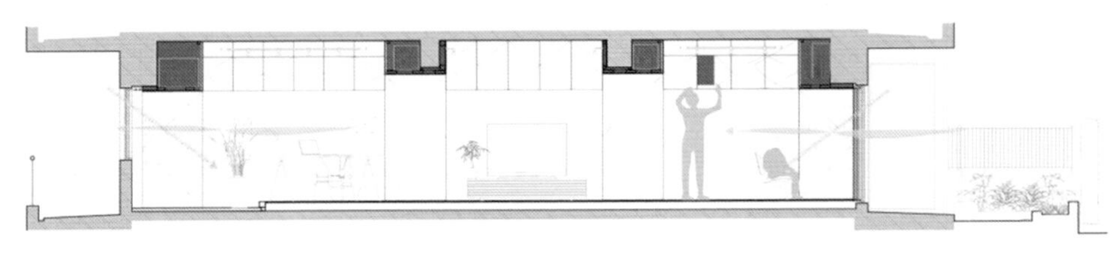

收纳体积：改前7.2m²→改后14.7m²

图3-58 剖面图

图3-59 入口

图3-60 室内空间

图3-61 共享空间

图3-62 可变空间

2.其他小户型居住空间设计

案例一

该设计位于法国，建筑面积55m²。主人有8个孩子，整个空间的设计重点是整合、错层、通透，既要满足每个人私密空间的使用，也要保障家人之间的有效沟通（图3-63—图3-68）。

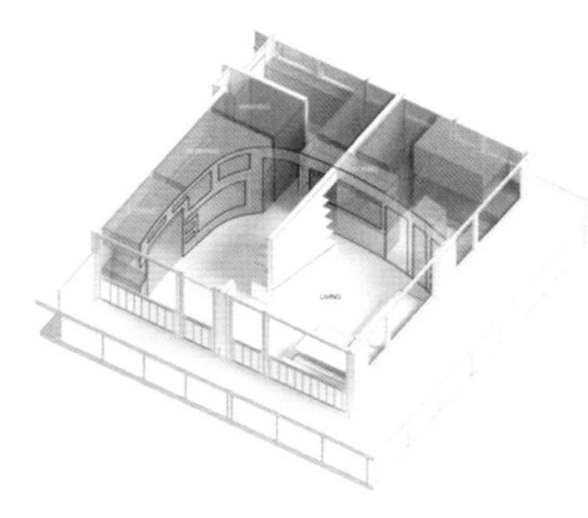

图3-63 模型空间分析

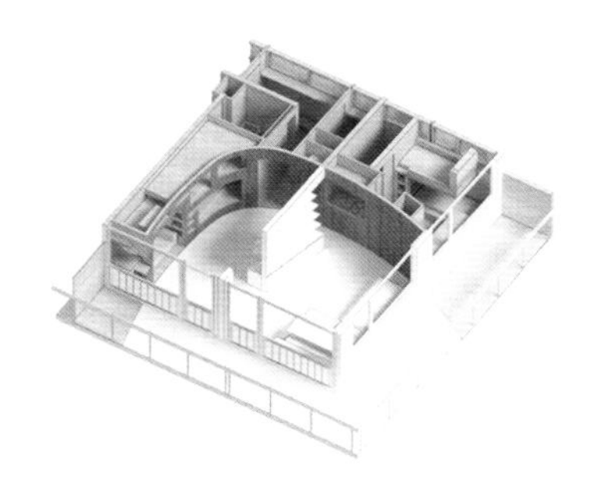

图3-64 模型空间

图3-65 错层

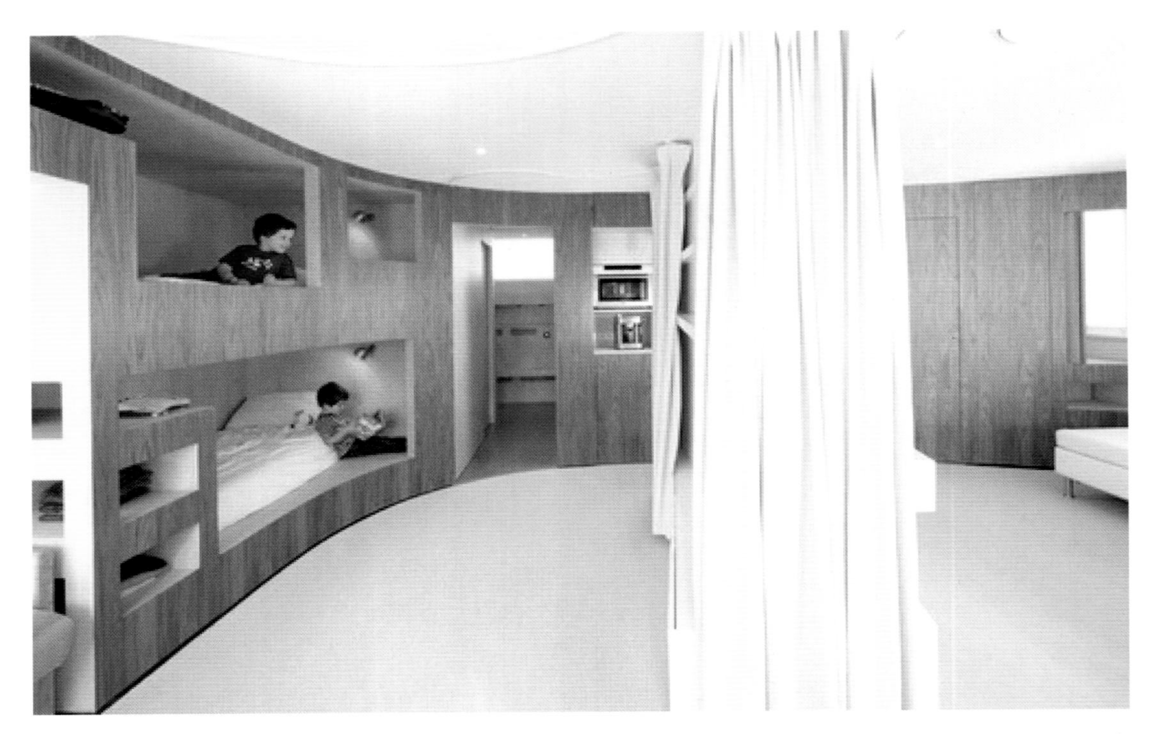

图3-66　整合

图3-67　细节

图3-68　通透

案例二

该设计位于纽约市中心，建筑面积45~50m^2（图3-69—图3-73）。

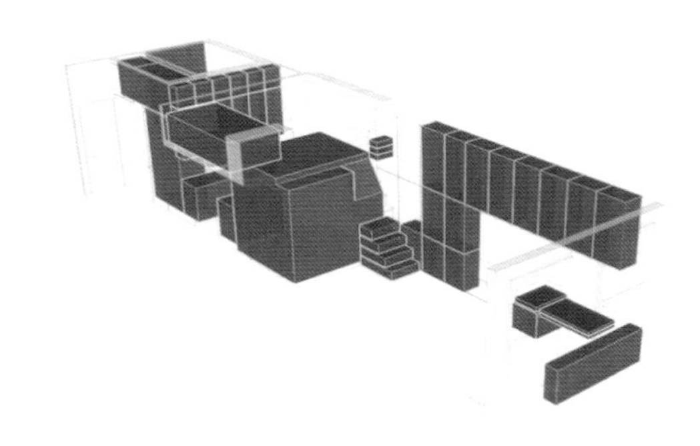

图3-69　家具空间

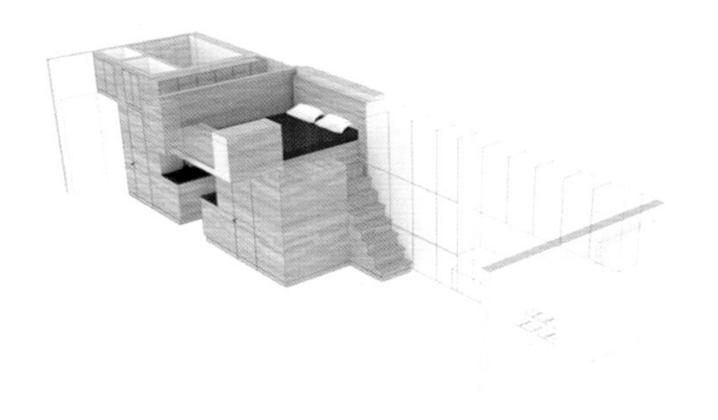

图3-70　家具

图3-71　效果图

图3-72　公共空间

图3-73　厨房

案例三

美国小户型空间设计，建筑面积20m^2（图3-74—图3-77）。

图3-74 休闲空间

图3-75 储物空间

图3-76 浴室

图3-77 餐饮空间

案例四

40m^{2}的北欧空间，时尚小公寓。整体以灰色、白色为主，搭配适当的原木色家具和装饰。卧室、餐厅等局部空间选用装饰画家具，以细腿家具为主。小空间应尽量避免购买太大或笨重的家具，否则会让整体感觉更加拥挤（图3-78—图3-81）。

图3-78 餐饮空间

图3-79 客厅

图3-80 开敞厨房

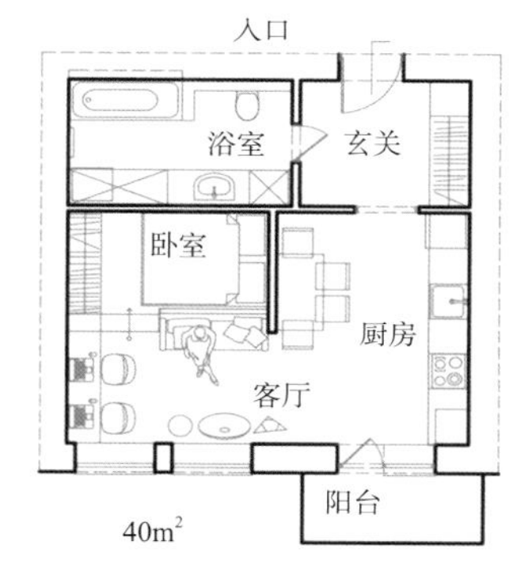

图3-81 平面图

案例五

俄罗斯小型住宅。此项目是设计师和妻子居住的35m²的小公寓。设计的主要任务是创造一个舒适开敞的空间，既可以储藏东西又可以充分沐浴阳光。设计师设计了一个家具系统最大化地利用现存的空间。木质的睡眠盒子处于公寓的一角，提供了储存空间，高于地面的高度也保证了其私密性。厨房和起居空间位于另一侧。从公寓的各个角度都能欣赏到窗外的景观，使其更加舒适、慵懒（图3-82—图3-95）。

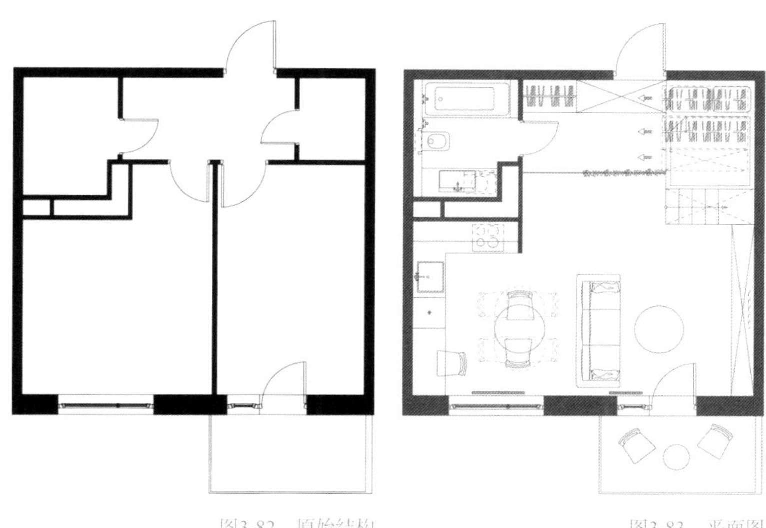

图3-82 原始结构

图3-83 平面图

图3-84　错层空间

图3-85　错层细节

图3-86　卧室

图3-87　客厅

图3-88 客厅正面

图3-89 餐厅

图3-90 工作空间

图3-91 厨房

图3-92 厨房正面

图3-93　卫生间

图3-94　卫生间入口

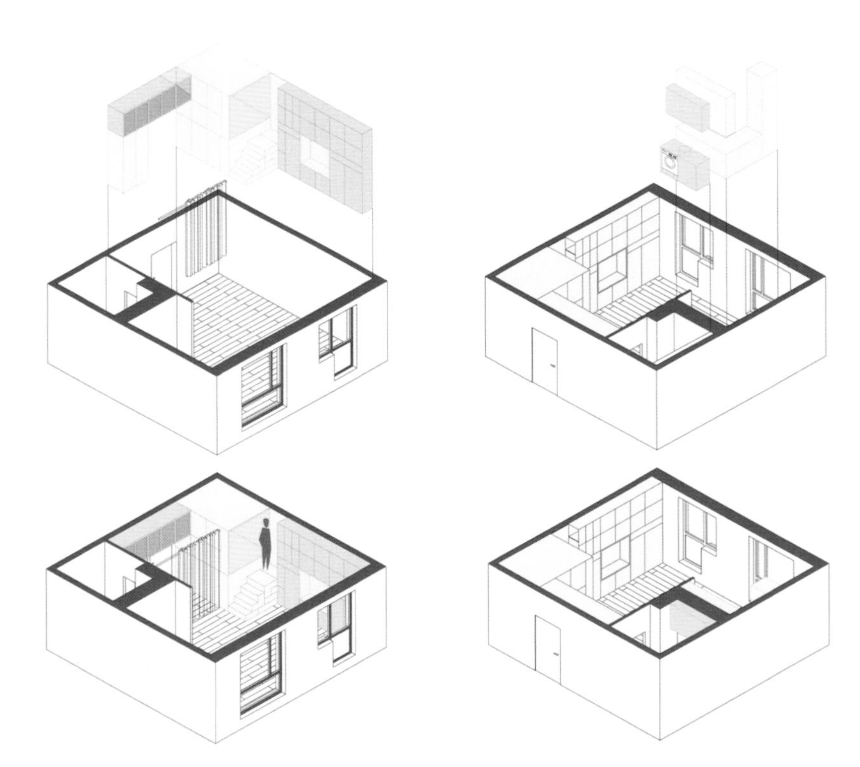

图3-95　空间分析

作业与思考：

1.小户型居住空间的设计方法是什么？

2.哪些方法可以让小户型空间“变大”？

第四单元
复式户型居住空间设计

课　　时：8课时

单元知识点：随着社会经济的发展及人们思想观念的转变，中小户型住宅成为市场的重要发展方向。本章主要介绍复式户型居住空间的设计特点，结合现代居住空间室内设计的发展趋势与设计潮流，紧抓居住类型，设计合理、合适的室内居住空间。

第一课　复式户型居住空间的概念和设计特点

课时：4课时
要点：了解复式户型居住空间的概念及设计特点。

1.复式户型居住空间的概念

复式户型是根据人机工程学原理并考虑到住户生活活动频度的差异，对室内空间进行科学的平面和层次的分割。复式户型在概念上是一层，并不具备完整的两层空间，但层高较普通住宅（普通住宅层高通常为2.8~3米）高，可在局部掏出夹层，安排卧室或书房等，用楼梯联系上下，其目的是在有限的空间里增加使用面积，提高住宅的空间利用率。

复式户型是利用不同层高的两部分结合成一套住宅，不仅通过地面的高差进行了功能分区，还分别赋予不同的空间不同的比例尺寸，如加大起居室的层高以形成"厅"的效果。简单来说，如果上下两层完全分隔，应为跃层户型；如果上下两层在同一空间内，即从下层居室可以看见上层墙面、栏杆或走廊等部分，则为复式户型。复式户型的户内设多处入墙式壁橱和楼梯，位于中间分隔的楼板也是上层的地板，但两层合计的层高大大低于跃层式住宅层高。复式户型具备了既节省面积又实用的特点，特别适合两代同堂的大家庭居住，满足了隔代人的相对独立，又达到了相互照应的目的。

2.复式户型居住空间的设计特点

1）户型特点

（1）优点

① 平面利用系数高，通过夹层复合或跃层，可使住宅的使用面积提高50%~60%。

② 户内隔层可为木结构，将隔断、家具、装饰融为一体，既是墙，又是楼板、床、柜，降低了综合造价。

③ 上部层采用推拉窗户，通风采光好，与其他层高和面积相同的住宅相比，土地利用率可提高40%，同时具备了省地、省工、省料的特点。

（2）缺点

① 复式住宅面宽大、进深小；如采用内廊式平面组合，必然导致一部分户型朝向不佳；自然通风、采光较差。

② 由于室内的隔断、楼板可采用轻薄的木隔断，因此隔音、防火功能差，房间的私密性、安全性也较差。

2）装修特点

应考虑楼梯的定位和楼梯的结构方式，复式结构中楼梯不但有着重要的功能作用，同时在整体设计中能起到画龙点睛的装饰作用。在考虑功能空间的同时，应综合考虑强弱点和排水结构的功能位置。

3）目标人群

复式户型适合中产阶级、知识含量较高的行业中的管理人员或高级白领、收入中上而且稳定的人群。

第二课　复式户型居住空间的类别

课时：4课时

要点：了解和掌握复式户型各类别的特点和设计方法。

1.普通类型复式

普通类型复式分为错层户型、跃层户型和叠拼户型。

1）错层户型

（1）概述

错层户型是指一套住宅地面不处于同一标高，但房间的层高是相同的。错层一般是公共开放的空间位于一个标高的平面上，如客厅、餐厅、厨房等；私密性较强的房间处于另一个平面，如卧室、书房等。两个部分之间通过台阶连接

错层户型和复式户型的区别在于：复式层高往往超过一人高度，相当于两层楼；而错位高度低于一人，人站立在第一层面平视可看到第二层面。复式第一、第二层楼面往往垂直投影，上下面积大小一致；而错层式住宅两个楼面并非垂直相叠，而是以不等高形式错开。

错层有助于突出装修风格和时尚，但由于过多地分割了空间，在使用中不够方便。尤其是有老人和儿童的家庭，在购买错层时需要更多地考虑安全问题。此外，错层式住宅不利于结构抗震，而且空间显得零散，容易使小户型显得局促，更适合层数少、面积大的高档住宅。此外，错层户型的面积计算方法参考平面住宅面积来计算。

与平层户型相比，跃层、错层和复式户型的空间形式更为丰富，变化更为多样，并能融入更多的创意，充分体现人的个性。不过，这些户型的面积比普通户型大，为了紧凑，台阶与楼梯的设计往往有些“局促”，对于普通工薪阶层以及有老人的家庭来说，需要考虑其经济性与功能性。

（2）案例赏析（图4-1—图4-14）

图4-1 错层住宅

图4-2 错层住宅细节图1

图4-3 错层住宅细节图2

此方案将开放式厨房这一公共设施位于错层的位置，增加空间层次感

图4-4 错层住宅细节图3

图4-5 局部错层设计效果

图4-6 错层住宅详图

图4-7 错层住宅1

图4-8 错层住宅2

图4-9 错层住宅3

图4-10 错层住宅4

图4-11 错层住宅5

图4-12 错层住宅6

图4-13 错层住宅7

图4-14 错层住宅8

一般认为，当楼层结构不在同一高度，且上下楼层楼面高差超过一般梁截面高度时应按错层结构考虑。一般梁截面高度为500mm，即高差超过500mm为错层。

2）跃层户型

（1）概述

跃层户型是指一套住宅占两个楼层，由内部楼梯联系上下层。首层一般安排起居室、厨房、餐厅、卫生间，最好有一间卧室；第二层安排卧室、书房、卫生间等。内部空间借鉴了欧美小两层独院住宅的设计手法，颇受人们的欢迎。主要适合住房面积不大，但是需要多个房间的屋主。跃层户型渐渐流行是因为其宽敞、舒适的特点符合老百姓的居住品位（图4-15、图4-16）。

图4-15 跃层住宅1

图4-16 跃层住宅2

跃层住宅有上下两层楼面，上下层之间通过户内独用小楼梯连接。复式住宅也有上下两层，不过它的上层实际上是在层高较高的楼层中增建的一个夹层，两层合计的层高大大低于跃层住宅。这两种住宅的共同点是面积较大，属比较豪华的住宅，购房投入资金也较多。

（2）设计要点

①功能要齐全，分区要明确

跃层和复式住宅有足够的空间可以分割，按照主客之分、动静之分、干湿之分的原则进行功能分区，满足主人休息、娱乐、就餐、读书、会客等各种需要，同时也要考虑外来客人、保姆等的需要。功能分区要明确合理，避免相互干扰。一般下层设起居、烹饪、进餐、娱乐、洗浴等功能区；上层设休息、睡眠、读书、储藏等功能区。卧房又可分为父母房、儿童房、客房等，以满足不同需求。

②中空设计，凸显尊贵

一般客厅部分都是中空设计，楼上楼下有效结为一体，有利于一楼的采光、通风效果，更有利于家庭成员间的交流沟通。室内有了一定的高差，这种立体空间更显尊贵和大气。正是由于有了层高落差，设计时要注意彰显这种豪华感。如在做吊顶时对灯具的款式的选择，可以选择一些高档的豪华灯具，以体现主人的生活品位。

③突出重点，楼梯画龙点睛

在装饰档次上，要根据主人的不同需求、不同身份进行设计，突出重点。一般主卧室、书房、客厅、餐厅要豪华一些，客房则简洁一些。

楼梯是这类住宅装修中的点睛之笔，一般采用钢架结构或玻璃材质，以增加通透性。其形状一般为“U”形、“L”形，可以节约空间；有弧度的“S”形旋转楼梯，更有利于突出设计，充满现代感，空间也变得更加紧凑，从而提升空间使用率（图4-17、图4-18）。楼梯下的空间可以装饰几盆花卉盆景，或饲养虫鱼，这样可使空间更富有活力和动感。而在楼梯的色彩上，忌采用过冷或过热的色调，最好能有冷暖的自然过渡。楼梯的设计往往与扶栏的色彩相匹配，从而相得益彰。

图4-17　“S”形楼梯

图4-18　“L”形楼梯

④扶栏装饰，放飞思想

在充分考虑安全性的前提下，楼梯的扶栏设计常常注重突出装饰性，大体可分为圆弧形或直线形（图4-19、图4-20）。生活中采用曲线设计方式的比较多，可使空间在视觉上有一个灵动的变化。在装饰风格上各有不同的表现形式，欧式风格以纯色、浅色为主，造型上讲究点、线，大花大线，而且曲线会多一些；中式风格采用的直线会多一些。在材料的使用上，扶栏材质的质地要求会更高一点，如多数选用胡桃木、红木，显得更有档次。

图4-19 楼梯装饰扶栏样式1　图4-20 楼梯装饰扶栏样式2

⑤多样灯具，营造丰盛主义

有了楼层空间的落差变化，可以在客厅灯具的选择上选用更高档的灯具来装饰点缀，而在其他地方可以选用吊灯、筒灯、射灯、壁灯等灵活搭配，这样会显得很有韵味和灵动活泼。在楼梯附近，要有照明灯光的引导，这也属于室内效果的点缀。挑空的客厅，由于其楼层的层高更好，可以增加点光源，少用主光源。从实用角度讲，这样既可以节约能源，又增加了光照度。通过设计不同的灯光，让其有主次明暗的层次变换，可以营造出一种舒适随意的家的氛围（图4-21、图4-22）。

图4-21 造型吊灯

图4-22 各种样式的造型灯具

⑥窗帘选择，演绎浪漫

两层叠加时，窗帘的风格与平层无异。如果有巨型落地窗，窗帘会从二楼一直垂落到一楼地面，一般采用罗马杆或滑杆，简约自然。若是欧式风格，就很讲究水幔和窗帘的绑带或花钩。在装饰或配饰这些细节上，可以传递主人的品位。在季节变化比较明显的地方，一般采用布窗帘和纱帘两层窗帘的形式，既能阻挡空气中的悬浮物，又有隔声吸音的效果。在窗帘的颜色和款式的选择上，要和室内主体色调相呼应。空间大、光照度强时，宜用深色配以合适图案；空间小、光照度较暗时，可选择浅色窗帘。窗帘的材质要有下垂感，打开方式多为平开，常根据家庭的整体风格和个人喜好而定（图4-23）。

图4-23　各种样式的窗帘细节

案例一

如沐一曲悠扬的钢琴乐，温蔼的浪漫气息在这间欧式风格的样板房中缓缓弥漫开来。那是华美的水晶灯、精致的茶盏、清新的沙发烘托的美好氛围，更是清丽的湖蓝、雅致的赤紫、高贵的金色所营造的空间意蕴。从空间架构到软装配色，设计师都控制得很精准，浪漫而不矫情、情调而不做作，设计师以细腻的笔触表达着一种美学品位和文化追求，更诠释了一种闲适恬淡的生活方式（图4-24、图4-25）。

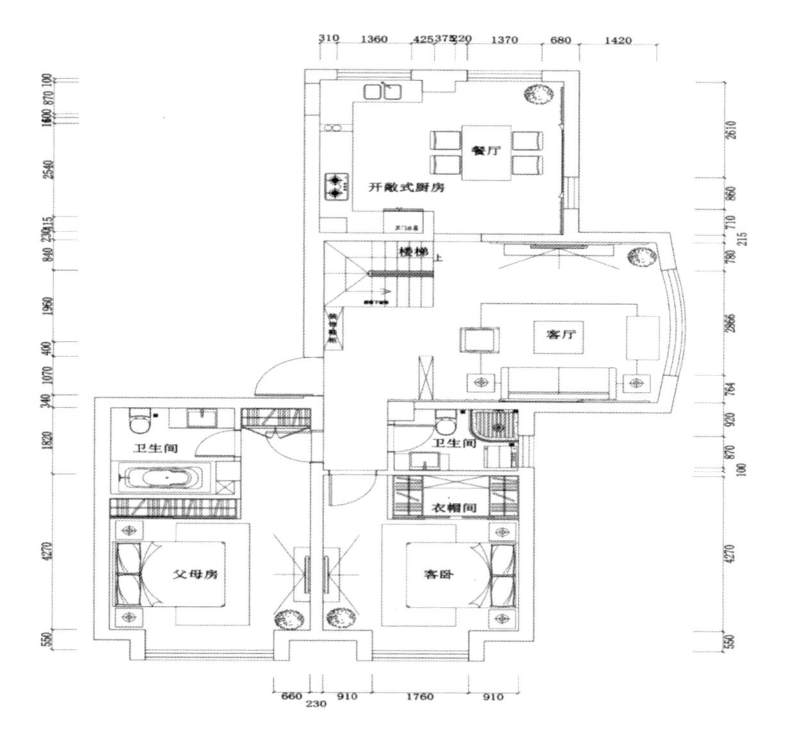

一层平面图

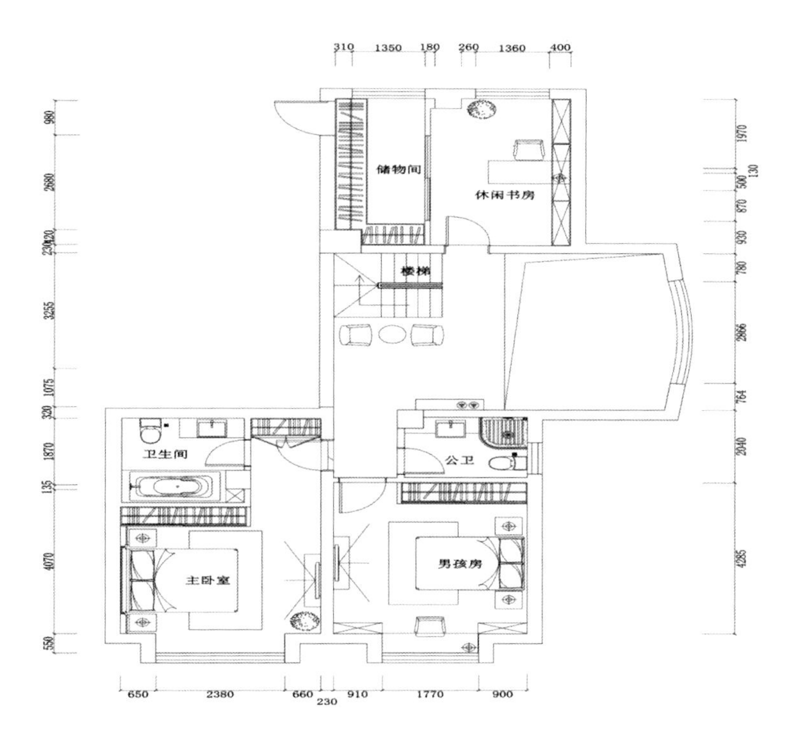

二层平面图

图4-24 跃层平面图

图4-25 跃层案例1

案例二

地中海风格的基础是光照明亮、设计大胆、色彩丰富、风格简单、充满异域情调。重现地中海风格不需要太大的技巧，而是保持简单的意念，取材大自然。大胆而自由的地中海风格的建筑特色在于拱门与半拱门和马蹄状的门窗。建筑中的圆形拱门及回廊通常采用数个连接或以垂直交接的方式，在走动观赏中，能提供延伸般的透视感。此外，家中的墙面处均可运用半穿凿或者全穿凿的方式来塑造室内的景中窗。在室内，窗帘、餐桌、沙发套、灯罩等均以低色彩度色调和棉织品为主。最后是家具上的选择，地中海风格家具给人的第一感觉应是阳光、海岸、蓝天，仿佛沐浴在夏日海岸明媚的气息里（图4-26）。

图4-26　跃层案例2

3）叠拼户型

（1）概述

叠拼别墅作为一种特殊形式的别墅，更像复式户型的一种改良，介于别墅与公寓之间，是由多层的别墅式复式住宅上下叠加在一起组合而成。它将一成不变的居住方式由平面改为垂直分布，动静分区的合理化使现代生活的居住格局更趋向完美。良好的空间利用率也将一个有天、有地、有花园的立体空间演绎得淋漓尽致，融经济性与享受性于一体。

叠拼的入户模式目前有两种：一种是叠上、叠下均归入一个公共单元门，叠上的住户要通过公共楼梯走到第三层，从第三层回家；另一种是叠上住户通过公共楼梯进门，叠下从室外直接进门，做到完全的独门独户。这种形式对于叠下来讲，分摊面积会大大减少，无疑是一种品质的提升，但因为分摊户数减少，叠上住户的面积分摊也会相应增加。

（2）案例赏析

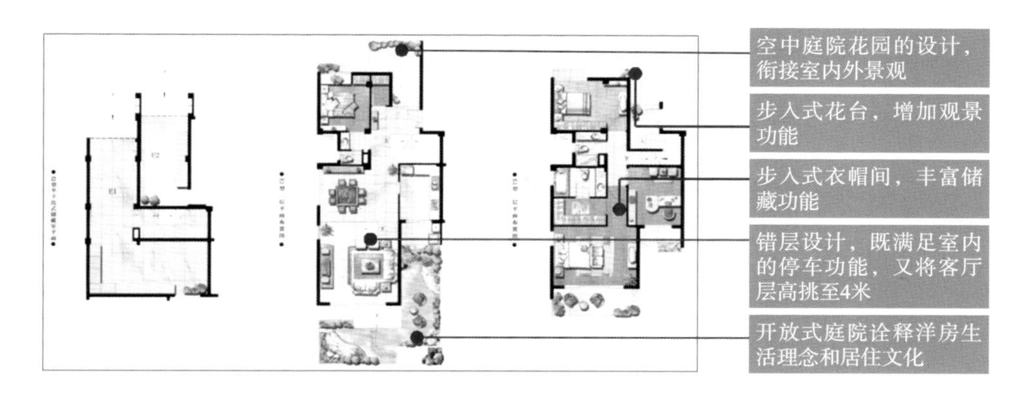

图4-27　叠拼户型1

图4-28　叠拼户型2

叠拼不同于传统的跃层。传统的跃层并不能满足很多购房人对私有花园和露台的需要，叠拼则实现了人们对于这种情调空间的“占有”，或者有天或者有地，与公共住宅里大家对资源的享用完全不一样。而且，它在公共空间的把握上与集合住宅也有所不同。在集合住宅里，大家都要经过楼梯间，而现在可以做到一门两户，甚至独门独户，私有性得到了保护，这是一种品质的标志（图4-27、图4-28）。

2.特殊类型复式

1）学生宿舍

在素质教育的背景下，高校不仅需要提供不同的学科培养学生的专业特长，同时需要在教育中融入人文关怀的理念。学生宿舍作为高校人际交往的重要空间，对学生的学习和成长有着重要的影响。因此，在学生宿舍空间设计与布局方面，注重实用性和合理化的同时也要提升人性化。通过对比分析国内外高校学生宿舍的室内设计现状发现，现代化的高校宿舍为学生塑造了良好的学习、生活环境，完善了建筑格局，丰富了设计思想，实现了人与环境、人与人之间的良性互动，为学生的全面发展提供了良好的空间和平台。

（1）学生宿舍在现代高等教育中的职能

学生宿舍是校园文化建设的重要组成部分。对于大学生来说，高校宿舍不仅是学习延伸和生活的重要场所，也是开展人际交往、培养文化素养的重要空间。

从传统的学生宿舍来看，设计者的理念和思想侧重于学生的生活和生理要求。随着教育改革的不断推进，为了适应现代高等教育的发展和为国家培养高素质的综合型人才，学校在设计学生宿舍方面应该融入人文、心理和精神等科学要素，努力创造出新的空间形式为大学生开展各种交流活动提供平台。

高校宿舍在培养学生对待集体、对待生活和对待他人方面有着无可替代的作用。集体化的生活对高校学生情感、品质和智力方面来说是一笔宝贵的财富，因此有人将其称为学生的“第二课堂”，由此可见，学生宿舍在高校教育中有着重要的地位和作用（图4-29）。

图4-29　高校宿舍

（2）国内高校学生宿舍空间设计现状

随着信息资源和教育资源的互通和互补，国内大学宿舍在受到西方室内空间设计模式的影响下，有了适合自己实际情况的室内空间设计形式。

①融入家的温暖

南开大学和天津财经大学新建的学生宿舍均采用了短廊单元式的布局格式，6间寝室为一组，围绕学生共同学习空间展开，家的味道浓厚。

②学习为主型

中国医药大学的宿舍中，学生卧室和学习活动室分离，平均两个卧室和一个学习活动室为一组，设有公用的卫生间，使学习和生活结合更紧密。

③以社会生活为背景

福建外贸学校的宿舍建设模式与城市居民的住宅十分相似，每个单元有4组，每组有3个居室，学生公用学习空间和卫生间，能让学生提前体验社会生活。

（3）高校学生宿舍中融入环境科学的理念

随着社会交往方式的进一步发展，学生之间的交往已经不仅仅局限在同一栋大楼之内。大学宿舍的设计不仅要有视觉环境、空间环境和物理环境，同时也要包含心理环境、文化环境和智能环境。因此，需要将环境科学要素融入大学生宿舍空间设计当中，比如可以对单元式的宿舍进行自由、灵活的组合，突破传统模式的合围，为学生的更深层交流提供条件。

①学生宿舍的空间理念

塑造一个包含健康、情趣和文化的宿舍才能满足现代化教育的基本要求，同时宿舍应提供睡眠、学习和贮藏，并且承载锻炼学生独立生活的能力，使其在此过程中接受集体文化的熏陶和影响。因此，高校宿舍空间设计要参照高等教育的基本要求，以学生的自我心理和行为需求为基本依据，建立一种多层次性、互动性和开放性的宿舍空间。

②学生宿舍的人文意识

学生宿舍的空间环境设计可以体现出高校教育的开放性，但将人性化的设计理念融入其中，可以创造出更加开放和更具人文精神的宿舍空间，才能为学生提供生活和学习基础，才能为学生的精神层面的建设提供极大的帮助。现代网络已经全面普及，个人电脑和其他电子设备很多，在设计宿舍空间时，如何使这些个人设备合理布局，以满足学生对功能的要求，并为学生学习之余提供娱乐生活，这些是设计之初就应该考虑的。

③学生宿舍的校园文化

校园文化是高校经历的岁月沉淀和文化积累，是各大高校的宝贵财富和精神支撑。学生宿舍作为校园文化的一部分，在强调实用性、人文性和特色性的同时，也应该作为校园文化的载体提供浓郁的文化氛围和相宜精神，建设出安全、舒适、文化气息浓郁的学生宿舍，为当代大学生提供学习、交流和休息的舒适空间。

2）共同住宅

（1）概述

共同住宅一般指廉租公寓。1867年，纽约颁布的第一部住房法规《1867年共同住宅法》中将其定义为："用来作为住房出租，或居住超过三个以上不同公用生活设施的独立家庭，或每层超过两个共用部分生活设施的家庭的任何建筑物，或每一部分。"

图4-30　共同住宅

这样的住宅主要出现在发达国家，也包括老年公寓，主要是为了增进人与人的交往和情感，缓解孤独感（特别是老年人），各自都有自己独立的房间，整个大楼共有一个客厅或厨房。

共同住宅是理念社区的一种类型，由私人住宅及广大的共用空间组成。共同住宅由居住的居民一同规划及管理，居民会与邻居有频繁的交流与互动。其公用设施非常多样，但通常包括一个大厨房及餐厅，居民可以轮流掌厨开伙。

共同住宅提供了一种更亲密的邻里关系，人们相互熟识、守望相助。在共同住宅里，人们有各自的私人住宅，同时也共享广大的公用空间，无论室内还是室外。随着社会的发展，共同住宅成为单身青年及老年人的理想住宅（图4-30）。

（2）共同住宅存在的两大难题

共同住宅在推广过程中也遇到了一些难题。新华网此前报道，日本人从世代的独家小院住宅搬进共同居住的高楼大厦遇到了两大问题：其一是他们在共同住宅中必须具备的公共道德的问题；其二是作为高层住宅内的居民共有财产的管理问题。为此，日本在过去十多年中逐步建立起了健全的共同住宅管理体制。

作业与思考：

1.普通的复式户型有哪几种？分别举例阐述其特点差异。

2.宿舍住宅设计中的要点是什么？

3.谈谈你对共同住宅的理解。

第五单元
居住空间设计流程及案例欣赏

课　　时：6课时

单元知识点：通过对前面章节的学习，总结掌握设计流程；通过对精品案例的欣赏，用设计美学法则来创作升华自己的作品。

第一课　居住空间设计流程

课时：4课时
要点：熟悉和掌握居住空间设计流程。

1.前期调研

①加强沟通，充分获取业主的需求，探索业主潜在的可能。
②对房屋结构进行充分考察和测量。

2.设计思维训练

1）设计资料的收集

资料的收集可以运用多种渠道方式，除了书籍、多媒体等方式以外，现在比较流行的微信、微博、设计公众号也是很不错的学习方法。

2）草图设计

草图是设计过程中很重要的一个步骤，也是同学们比较容易忽视的一个内容。很多同学做设计时直接使用计算机，完全忘记了设计师最重要的笔头功夫。草图的绘制是方案开始的源头，也是灵感开启的第一扇门。方式可以多样化，如图5-1就采用了分析图的方式来构思草图。

3.设计表达

设计表达是一套方案从构思到成图的过程，也是从空间思维转化为二维图纸的表达方式，通常的户型空间由以下的制图内容构成：平面图CAD、天棚图CAD、立面图CAD、效果图、预算清单、施工图CAD。

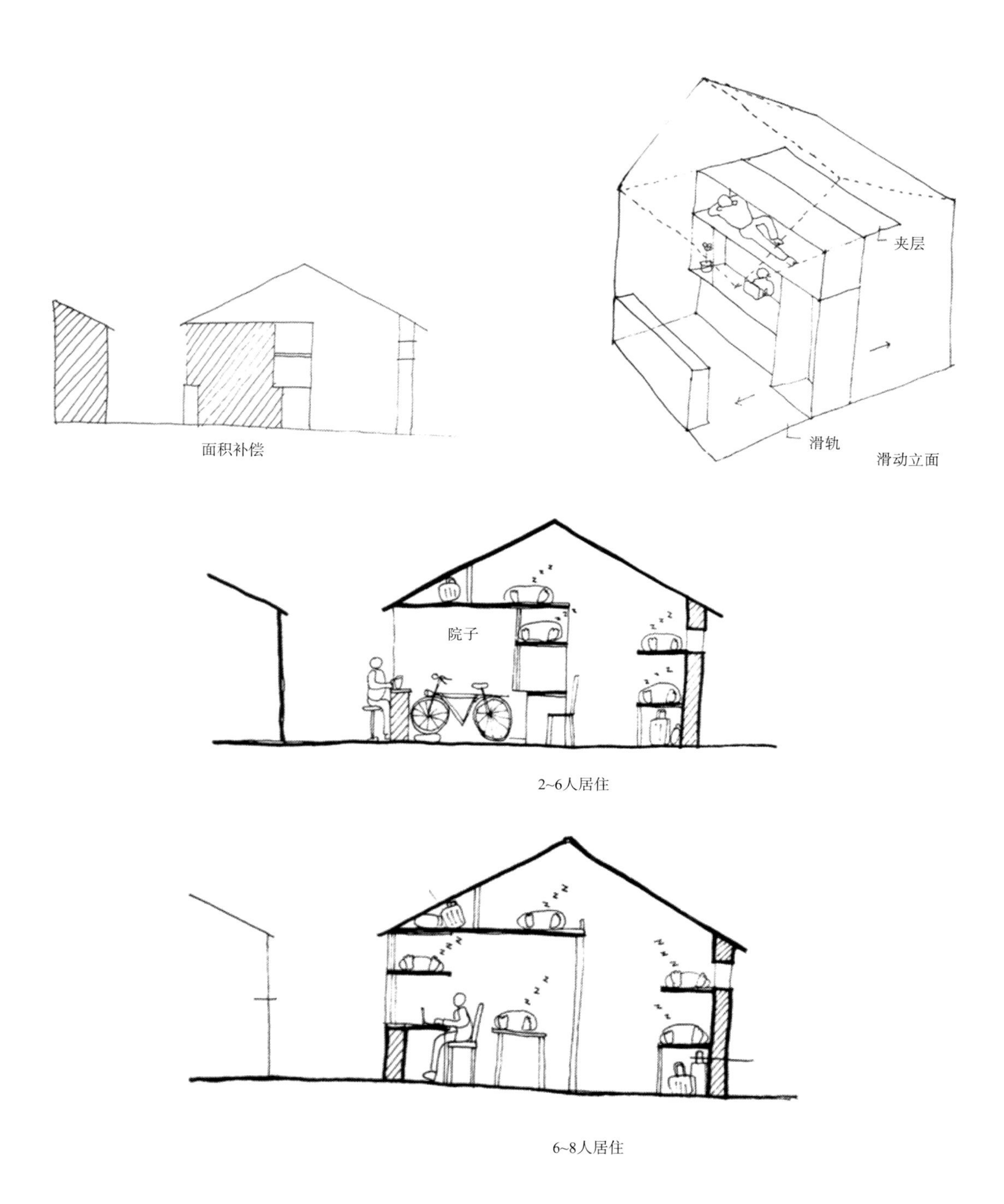

图5-1 房屋分析图

第二课　案例欣赏

课时：2课时

1.精品案例

案例一

项目名称：银杏汇A2户型

项目地址：中国杭州

项目面积：264m²

软装设计：深圳布鲁盟室内设计

设计师：邦邦、田良伟

杭州银杏汇位于钱塘之江湾，被誉为“杭州封面豪宅”。推开窗户，对岸的西湖群山连绵，山色空蒙之境与钱塘江山相映成趣，千年名胜六和塔与钱塘江大桥成为这幅山水卷轴的最佳人文注解，江、山、塔、桥，一幅“江山如画入梦来”的场景，其软装设计由知名室内设计公司布鲁盟担纲。

抽象艺术先驱瓦西里·康定斯基说：“艺术不是客观自然的模仿，而是内在精神的表现。艺术家可以使用他所需要的表现形式，他的内在冲动必须找到合适的外在形式。”

设计和产品的功能美并不以它自身的实用功能为前提，功能美既来源于功能，又具有审美的超功利性。设计的魅力，在于创造，在于运用物，通过不同的组合秩序，以达到生活环境与人的协调，提供特有的场所感和时空记忆。

在杭州银杏汇的设计中，设计师以睿智精确的创造精神和冲破传统的力量，融入当代精英阶层审美趣味、自身个性和艺术选择，成功地实现了美的现代中式意境（图5-2—图5-6）。

图5-2 中式意境1

图5-3　中式意境2

图5-4　中式意境3

图5-5 中式意境4

图5-6 中式意境5

“功能和形式是现代设计所面对的主要问题，设计作为造物的艺术，两者应是合二为一的。没有功能的形式设计是纯粹的装饰品，没有形式的功能设计是难看的粗陋之物。”一个好的设计，大到空间小到物件的细节，都是一种文化的积淀。

整个客厅（图5-7—图5-12）通透明亮，干净利索，大理石与玻璃相照映，使得空间更加立体。设计谨慎而克制，从传统艺术形式的空白、简约、隐喻等特征中挖掘题材和灵感，使现代标志的空灵之美得到充分的诠释和体现。

设计师不用繁杂的形式而注重“静中之境”，通过有形之物来把握无形的精神，体现空间空灵与寂静，荡涤人心。设计师将高级灰贯穿整个空间，剔除琐碎的装饰，仅以雅丽的梅和轻简的竹进行装点，窗外是空蒙的钱塘江山，屋内是轻巧升腾的诗画意境。

图5-7　客厅设计角度1

图5-8 客厅设计角度2

图5-9 客厅设计角度3

图5-10　客厅设计角度4

图5-11　客厅设计角度5

图5-12 客厅设计角度6

家是舒适的、智慧的、简洁质朴的所在。书房的设计中，设计师精心营造一种静默与美的意境，加上雅致朴素的装饰，整个氛围沉稳而舒适（图5-13）。

图5-13 书房设计

主卧的设计把意境当成一种艺术处理，形成形式上的抽象（图5-14—图5-17）。床头的墙面处理，将湖水的色彩通过现代编织手法进行幻化，实现质朴清雅的空间氛围，大气而富有浪漫气息，雅致脱俗。

图5-14　主卧设计角度1

图5-15 主卧设计角度2

图5-16 主卧设计角度3

图5-17　主卧设计角度4

老人房以江南意境为主题，通过对墙壁、家具和地毯的处理，室内远山如黛，窗外碧湖幽幽，一幅宁静优美的江南山水写意画卷描绘在立体的空间中，大有“一蓑烟雨任平生”的氛围（图5-18—图5-21）。

图5-18 老人房设计角度1

图5-19 老人房设计角度2

图5-20　老人房设计角度3

图5-21 老人房设计角度4

如图5-22、图5-23所示，区别于传统意义上的次卧陈列方式，该设计虽然并非面面俱到，但是通过恰到好处的省略，删除烦琐，仅在墙纸上进行幻化，在色彩和细节处理上带给人无限的想象空间。

图5-22　次卧设计角度1

图5-23　次卧设计角度2

在女孩房的设计中，设计师亦大胆采用留白的手法，简洁的家具与素雅的花朵形成呼应，达到“书不尽意，言不尽言”之境，营造出安静的休憩空间（图5-24—图5-26）。

图5-24 女孩房设计角度1

图5-25 女孩房设计角度2

图5-26　女孩房设计角度3

简约不是简单，其本质是找出创意的核心，上升设计的品位，设计师克制了自身过度的表现欲。

案例二

项目名称：海口·海航豪庭北苑二区D1户型

项目地址：中国海南

项目面积：201m²

设计机构：SCD（香港）郑树芬设计事务所

主案设计师：郑树芬、徐圣凯

软装设计师：杜恒、丁静

完成时间：2016年10月

SCD的雅奢设计理念，旨在营造一个艺术、自然、有趣且充满生活之美的文化空间，让每个空间有其自我独特的灵魂。本项目主题将摄影诗人格雷戈里·科尔伯特的作品《尘与雪》融入其中，把富有禅意、宁谧的东南亚文化娓娓道来，呈现人们心中内在的文化信仰与远离城市生活的向往（图5-27、图5-28）。

泰式装饰的饰品多以器皿为主，比较温和，典型的大色系是泰式的经典，运用金色比较多。本案例采用新泰式风格，整个空间用简约手法，将木的质感、麻的纯朴，以及饰品组合装置营造一种具有亚洲文化特性的泰式韵味。

本案例的设计与传统的新泰式色彩完全不同，素雅的米色与褐色搭配，融进现代设计理念，营造出一种高雅稳重的感觉。通过不同的材质和色调搭配，使功能和装饰性完美结合。

图5-27 客厅、餐厅设计

图5-28 客厅一角

在设计中体现东南亚文化，房间里的装饰尤为重要，抽象的墙画仿佛在述说泰国浪漫的古神话，给人浓浓的异国风情（图5-29—图5-31）。

图5-29　主卧设计

图5-30　次卧设计1

图5-31　次卧设计2

金色是泰式风格的典型色彩代表，这在一些家具的细节上有所体现。少量的点缀使整个空间的氛围高贵而沉寂，有一种泰然处之的感觉（图5-32—图5-36）。

图5-32　金色点缀示意图1

图5-33　金色点缀示意图2

图5-34　金色点缀示意图3

图5-35　金色点缀示意图4

图5-36　金色点缀示意图5

大象在泰国人的生活中具有举足轻重的地位，它是泰国的象征，更是泰国人的骄傲。大象与泰国的历史、文化、宗教、经济等方面的关系极为密切，因此，无论是泰国国王还是普通百姓，几乎人人都喜爱大象，对大象怀有深厚的感情。餐厅旁边的大象挂画（图5-37），浅褐色、翡翠绿的精致的泰国陶瓷餐具自由搭配（图5-38、图5-39），以及略带冰裂感的瓷面物件（图5-40、图5-41），增添了东南亚热带风情。半透明的纱弥漫着一股浪漫的气息，配上一点绿色植物，安谧而舒适（图5-42）。

图5-37　大象挂画

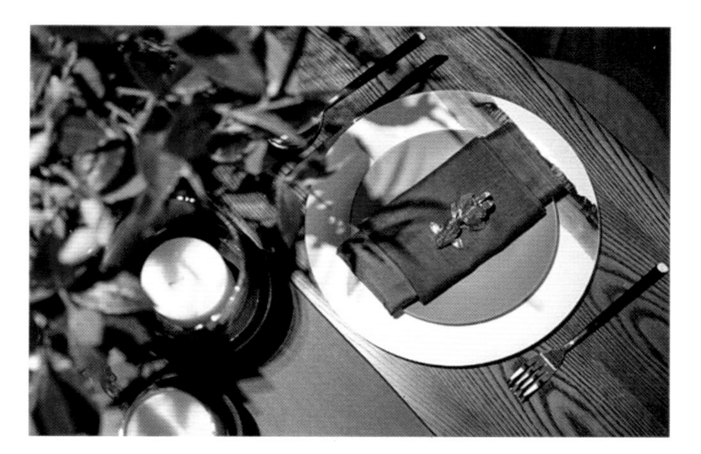

图5-38　泰国陶瓷餐具1

图5-39　泰国陶瓷餐具2

图5-40　冰裂感的瓷面物件

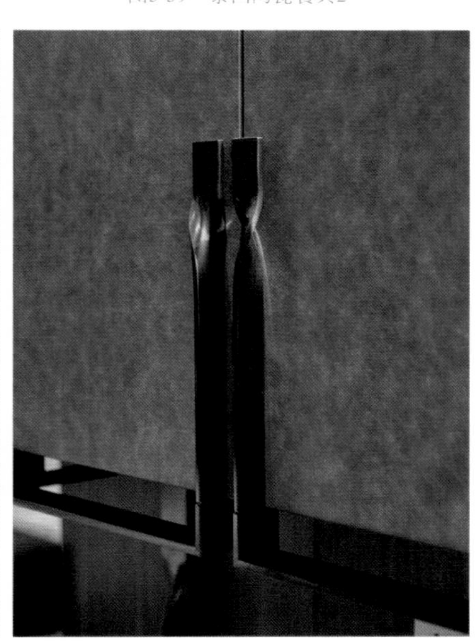

图5-41　冰裂感的瓷面把手

图5-42　半透明的纱

不得不提的是烛台。烛台本是寺庙之物，泰国的文化主要基于佛教和婆罗门教，无论是朴素简单的烛台还是茶桌，对空间的装饰或气氛的营造都起着非常重要的作用，禅意油然而生，令人心情宁静（图5-43）。

图5-43　烛台装饰

“朴素而天下莫能与之争美。”最美的一定是原初之态，作为生命之始，有着不可抗拒的神秘感，平实质朴、未经雕琢，接近生命本真的才是动人的（图5-44、图5-45）。

图5-44　朴素的空间1

图5-45　朴素的空间2

2.学生设计作品

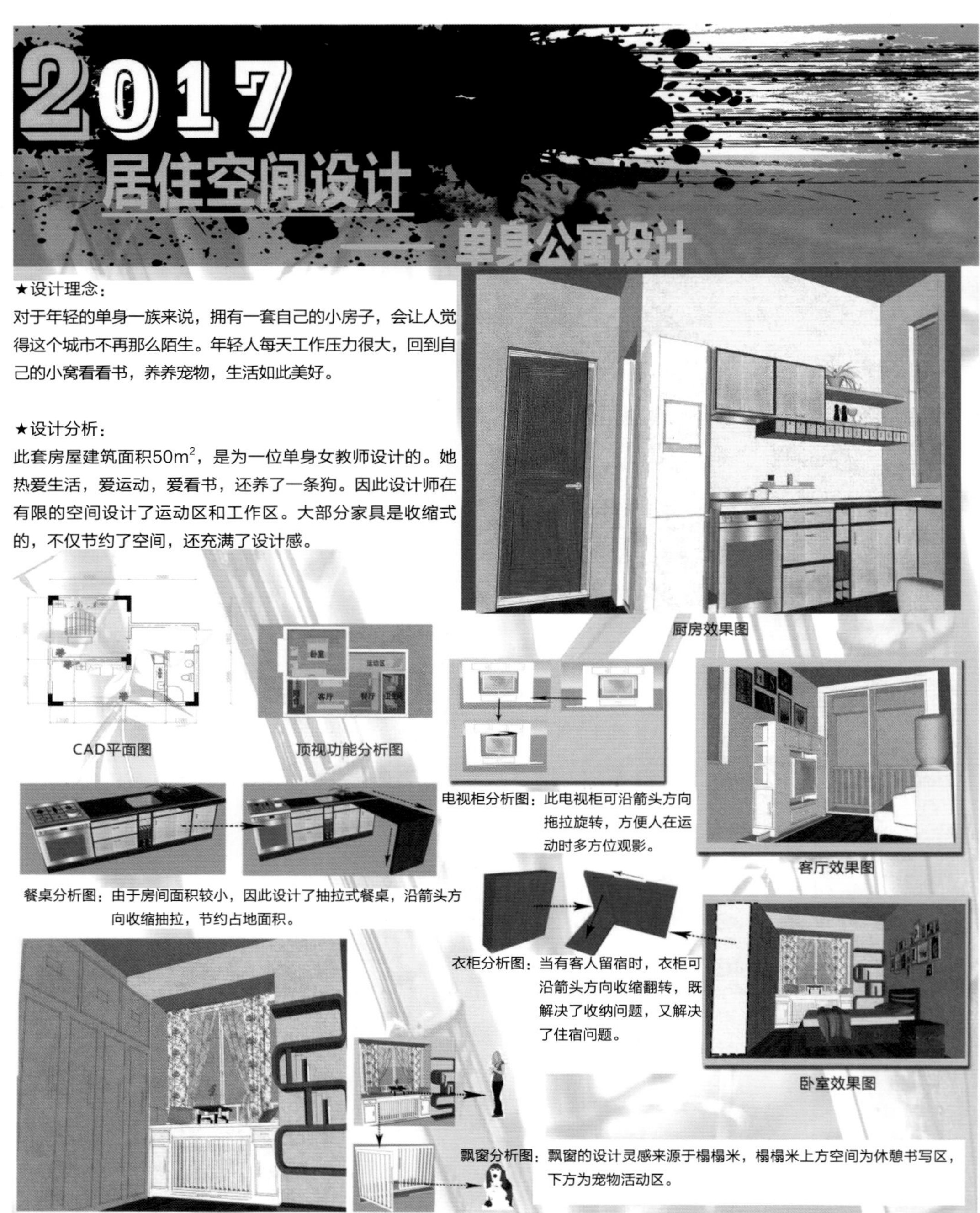
2017
居住空间设计
——单身公寓设计
★设计理念：
对于年轻的单身一族来说，拥有一套自己的小房子，会让人觉得这个城市不再那么陌生。年轻人每天工作压力很大，回到自己的小窝看看书，养养宠物，生活如此美好。
★设计分析：
此套房屋建筑面积50m²，是为一位单身女教师设计的。她热爱生活，爱运动，爱看书，还养了一条狗。因此设计师在有限的空间设计了运动区和工作区。大部分家具是收缩式的，不仅节约了空间，还充满了设计感。
厨房效果图
CAD平面图
顶视功能分析图
电视柜分析图：此电视柜可沿箭头方向拖拉旋转，方便人在运动时多方位观影。
客厅效果图
餐桌分析图：由于房间面积较小，因此设计了抽拉式餐桌，沿箭头方向收缩抽拉，节约占地面积。
衣柜分析图：当有客人留宿时，衣柜可沿箭头方向收缩翻转，既解决了收纳问题，又解决了住宿问题。
卧室效果图
飘窗分析图：飘窗的设计灵感来源于榻榻米，榻榻米上方空间为休憩书写区，下方为宠物活动区。
飘窗效果图

新中式意韵
半农场中式家居设计
客厅效果图
二楼阳台种植区景观图
新中式——赋予中式现代元素
这是一套两居室的住宅，为了满足老年人喜欢的生活方式，特别设计为半农场中式家居风格。室内的中式家居与室外的种菜、养殖区域完美地融合在一起，使老年人足不出户就能体会到生活的乐趣。
平面布置图
庭院农场养殖及室外景观图
次卧效果图
餐厅效果图
主卧效果图
室外景观图

日常与情怀

——现代简约家居设计

本次设计直观地向大家呈现了一个以年轻人合租为主题的家居设计。好的设计不仅能使生活品质得到提升，还可以创造出特定的空间来传达情感。情怀是必要的，但它并不是设计师的自鸣，而应该是使用者和设计师的共鸣，通过空间载体的日常去传达两者一致的情怀。

第六单元
综合案例

课　　时：12课时

单元知识点：通过前面单元的学习，以实践练习的方式对居住空间知识点进行复习和巩固。

"居住空间设计"课程无纸化试题命题单

课程名称	居住空间设计	使用学院	艺术与设计学院	专业班级	
课程类型	实践课	课程性质	专业必修课	考试形式	无纸化考试
考试学期		考试时间	分钟	考试教室	

一、试题内容

试题内容：主题民宿设计

要求：户型自定，制作形式不限。计算机、手绘效果均可。整体设计尺寸规范，制作精良。作品图纸表达内容不少于10张。电脑效果图分辨率不低于300dpi，提交为TIF/JPG格式；如果有动画效果，片长控制在1分钟左右，提交为AVI/MOV格式。

二、目的

期末综合作业采用计算机+手绘等创作形式对之前学习的居住空间设计知识进行复习，有助于学生对空间尺度、美学形式等基本原理的掌握。强化学生的实践动手能力，同时激发创造性思维能力。

三、要求

民宿设计包括分组讨论创意方案、制订工作计划、后期实施制作几个环节。要求作品有详尽的前期策划分析。如调研报告、人文地貌、现状分析等，最后的作品呈现要有完整的图册文本，同时作品应搭配一套汇报演讲PPT。

四、评分标准

根据教学大纲要求评定考核成绩标准：

90~100分

设计图册版面清晰，内容完整。分析过程逻辑关系明确，设计主题鲜明且有特色。

功能分区合理，空间尺寸及家具细节设计合理。

CAD图纸标准规范，布局大方美观。整幅图色彩协调、搭配适当。图纸干净利落，有一定的设计布局。

效果图整体构图恰当，色彩令人愉悦。画面气氛把握明确到位，与功能定位一致。画面主题表达突出，场景细节真实丰富。颜色、光感各方面具有和谐、统一、自然的美学感受。

整体作品表现力强，有较强的艺术美感，能够运用新材料、新技术表达室内空间的界面及空间元素，有很高的原创力表达。

80~89分

设计图册版面完整，格式符合要求，内容有一定的逻辑关系排列。作品有一定的设计主题。

功能分区合理，空间尺寸及家具细节基本符合规范。

CAD图纸标准规范，布局整洁美观，图纸比例、色彩搭配协调。制图命令使用规范。

效果图整体构图完整，色彩搭配合理。表现内容与功能定位相一致。透视角度正常。空间元素表达清晰明确，整体效果与设计主题相关，画面和谐统一。

作品整体表现内容完整，是原创作品。基本能够运用居住空间设计法则来表达作品的整体及细节内容。

70~79分

设计图册不甚完整，排版出现大量错误，格式不符合要求。作品缺乏主题性，设计细节表达不明确。

功能分区存在一定不合理性，空间尺寸和家具细节有较多制图错误。

CAD图纸中出现较多内容尺寸等错误，图纸比例色彩等搭配也不协调。制图命令使用不熟练，操作不规范。

效果图内容表达基本完整。色彩搭配、透视比例中出现较多错误。空间内容表达与功能定位有一定的矛盾性。

作品内容欠缺完整性。和作业要求有一定的差距。

60~69分

设计图册不完整，内容及格式都出现大量错误，作品无主题性，设计细节表达不明确。

空间基本没有功能分区，布局混乱，尺寸和细节表达错误较多。

CAD图纸内容不完整，尺寸规范出现大量错误，命令操作不规范。

效果图内容表达基本完整，透视角度、比例等出现较多错误。空间表达内容与图纸有较大出入。

整体作品制作中出现错误较多，空间的功能定位和细节表达都不到位。

不及格

设计图册内容不完整，格式错误。无主题，细节表达不完整。

空间无功能分区，作品无原创性，有些内容出现抄袭现象。

CAD制图操作不规范，图纸内容表达不准确或者有大量错误。

效果图内容不完整。透视、色彩、材质都出现极多错误，内容简单，不符合作业要求。

作品内容不符合要求，出现较多错误，作业态度不认真，画面表现力差。

命题教师：　　　　　　　　教研室或系负责人：　　　　　　　　主管院长：

1.设计展示

作品名：海滨民宿《津渔》（图6-1）

作者：赵文彬、江文杰

图6-1　海滨民宿《津渔》效果图展示

2.设计流程

前期策划：调研分析、主题设定、空间布局

中期制作：方案草图、功能分区、CAD二维图纸

后期制作：效果图、鸟瞰图、合成动画等

效果合成注意要点：

①作品尺寸规范合理，软件相互导出时要注意比例大小的统一，图片像素保证300dpi。

②分析类图纸注意空间布局、色彩、尺寸的统一，最好用立体和平面交互的方式综合表达。

③材质等小品素材的使用注意细节的原创性，比例细节要根据物体大小而变化，不要一味地照搬使用。

④图册最终要进行排版，将内容按照一定的效果和逻辑关系来呈现。

1）创作企划书

设计作品名称：《津渔》

制作团队：2人

制作软件：SU、PS、AI、CAD、TW

主要参考资料：《外部空间设计》《景观的视觉设计要素》《当代集装箱建筑模块化设计策略研究》

调研分析：①沙洲流失；②强风威胁；③地震隐患；④生态安全问题严重。

项目背景：随着海绵城市、可持续发展、生态城市规划等概念的提出，不仅公园设计需要考虑节能，建筑作为我国目前能耗排名仅次于工业的领域，同样需要考虑节能减排、可持续等的生态设计。

设计理念：以生态海洋为主题，目标是打造出一个海湾、建筑、海洋相互衔接的具有景观观赏性质的三位一体的居住空间。

元素提取：风车、飞船、码头。

2）前期设计构想

灵感来源：风车外形，流线型的风翼御风能力强，能在一定程度上保护建筑抵御强风侵害，亦具美观性（图6-2、图6-3）。

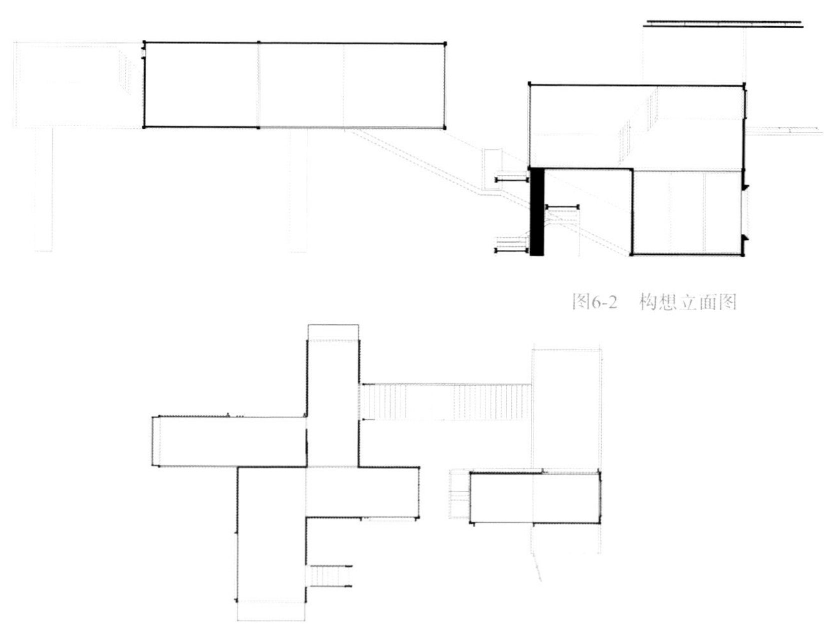

图6-2　构想立面图

图6-3　构想平面图

设计亮点：绿色建筑的定义——绿色建筑是指在建筑的全寿命周期内，最大限度地节约资源（节能、节地、节水、节材）、保护环境和减少污染，为人们提供健康、适用、高效的使用空间，以与自然和谐共生的建筑。《绿色建筑评价标准》（GB/T 50378—2014）可概括为“四节一环保”——节能、节地、节水、节材以及环境保护。绿色建筑其实不是一个新的领域，而是不同领域——给排水、暖通、大气、室内、景观等适用技术的集成。

节能：太阳能，水资源利用，风能开发。

节地：水陆一体，协调人地关系。

节水：天然降雨的收集与利用。

节材：以建筑模块作为主要建筑方式，兼顾经济、人力、生态效益，为可持续发展提供保证。

空间布局：中庭360° 全景，集餐饮、娱乐、观光为一体的四维感受区，模糊室内外人工环境与自然环境的界限（图6-4）。

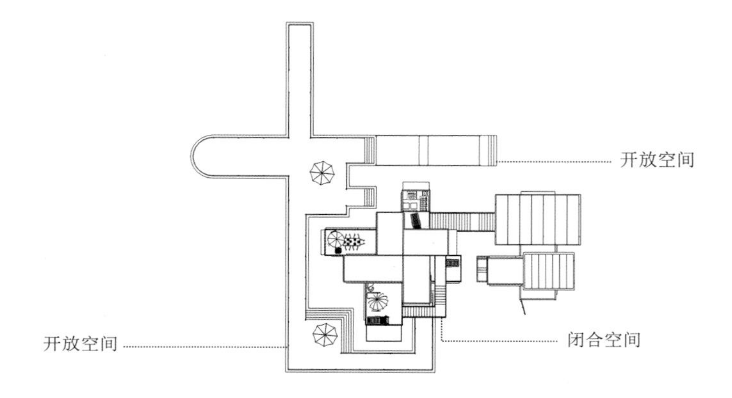

图6-4 布局解析图

建筑模块：第一，模块建筑可以充分呼应使用方式的变化。传统的建筑模式基本上是在地建造，无论是古代的城堡还是现代的住宅，建筑与场地都是一种紧密的依存关系。建筑的寿命至少几十年甚至上百年，而建筑中的使用者和使用方式可能会发生很多的变化与更迭。通常传统的建筑方式对这种使用方式的变化是无能为力的，只能通过室内装修的方式进行改变，带来大量的浪费。模块化建筑可以根据使用者的需求改变而调整建筑的空间与结构，既能满足使用者的功能诉求，也能节约有限的空间和资源。第二，模块建筑对场地的破坏是最小的。传统的建筑对场地的伤害是不可逆的。相对来说，传统的土木结构建筑拆除后，土木可以回归自然，不会对场地造成太大的损害。而以混凝土为主的建筑则相反，当建筑失去使用功能并拆除后，土地的破坏是抹不去的伤疤。尤其是在一些优美的自然环境中，建造的建筑对土地的伤害非常大。今天的城市化让建筑慢慢地侵蚀着美丽的自然环境，如果不改变建造方式，我们最后看到的地球将是一个满目疮痍的家园。第三，模块建筑实现最大化的预制，可以减少现场施工中的一系列问题。模块化建造可以减少现场作业对场地、季节和气候的依赖，交通运输对环境的影响，粉尘对空气的污染，施工精度的不可控，以及高昂的人力成本等问题，还可以加快施工进度、减少其他污染和降低成本。

设计类型：海湾、建筑、海洋相互衔接的具有景观观赏性质的三位一体居住空间。

3）中期方案推演（图6-5—图6-9）

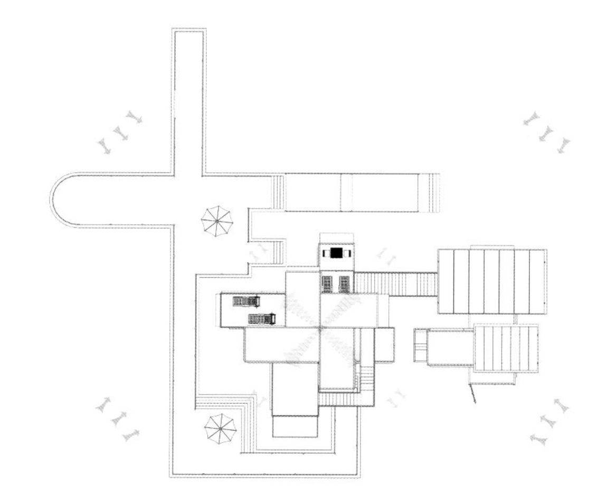

图6-5 风向解析图

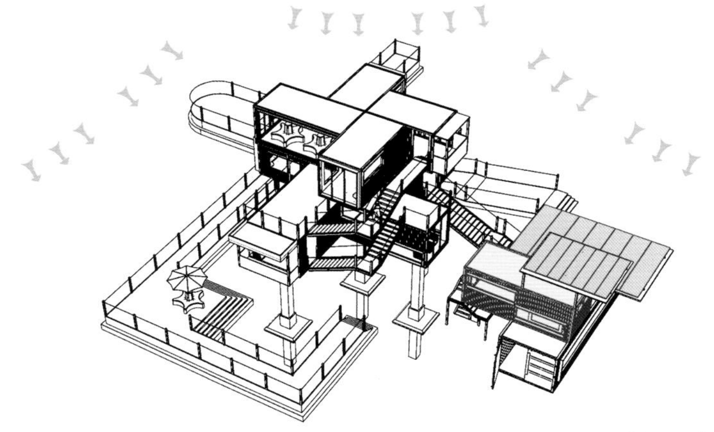

图6-6 太阳能储备图

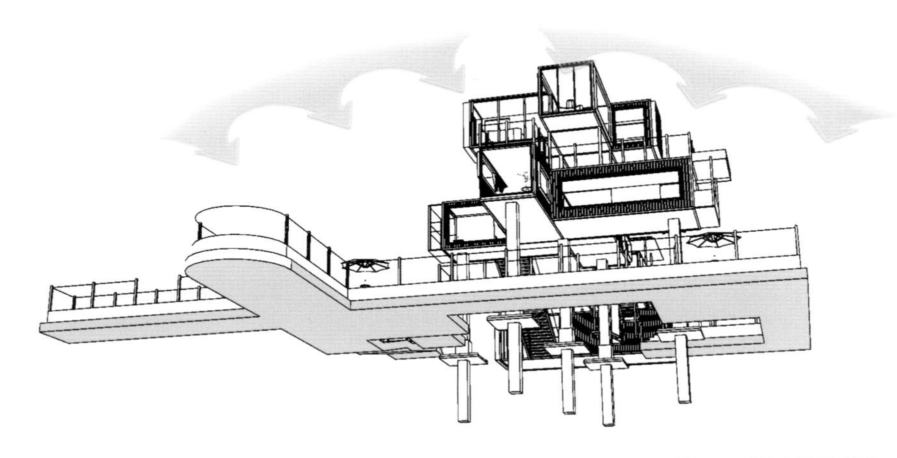

图6-7 雨水利用收集图

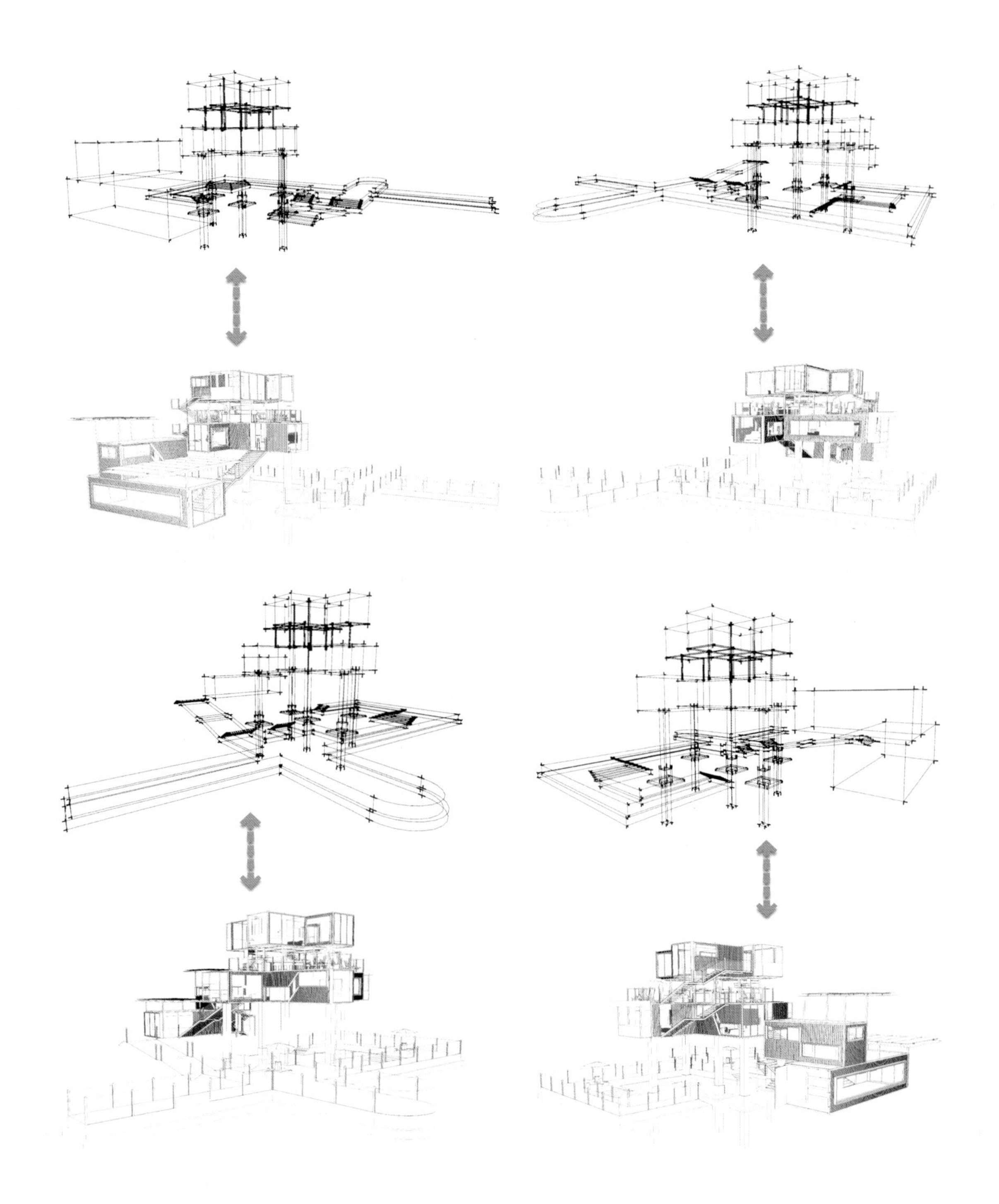

图6-8　建筑结构图

场景一	推演过程	场景三	推演过程	构思框架
	利用风车元素作为建筑外形提出前期设计构想，并推敲两层模块向上组合堆积的可能性		在前两步的基础上加强建筑外形美观，更注重建筑功能性，提出了顶层隔热装置、底层逃生梯的构想	
场景二	推演过程	场景四	推演过程	构思框架
	在堆积的两层模块建筑上安装了观光梯，在满足基本交通的基础上进一步完善建筑功能，加入太阳能能量转换装置，提出了能源收集、转化、储存、使用的可能		以建筑模块为建筑方式，在基本构成建筑的基础上添加了一个多功能浮板，使之成为集逃生、观光、蓄水三位一体的多功能空间，此时一个完整的建筑就诞生了，可实现生态污染最低化、经济效益最大化	

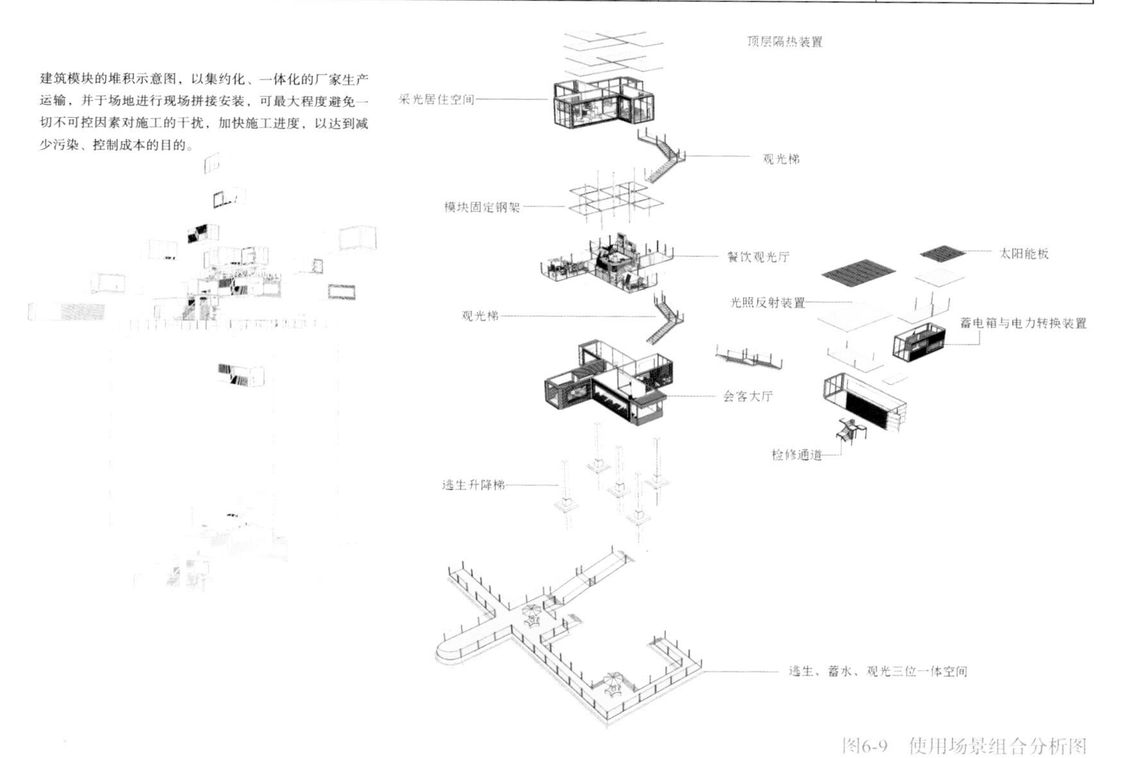

图6-9 使用场景组合分析图

4）成图展示（图6-10、图6-11）

图6-10　成图展示1

主要经济技术指标
项目名称 单位 数量
规划总用地面积 m² 4082.83
总建筑面积 m² 597.34
建筑占地面积 m² 178.95
建筑活动空间 m² 980.95
岛屿面积 m² 2945.46
相比较于传统建筑类型，模块建筑可充分呼应使用方式的变化，根据使用者的需求改变建筑空间与结构，满足使用者功能诉求的同时，节约有限的空间与资源。传统建筑对土地的伤害是不可逆的，建筑模块与传统建筑钢筋混泥土相反的集约化，一体化生产模式可以最大程度上做到生态破坏最小化，它独有的生产模式可以把施工，场地，气候，交通运输环境影响的依赖性降到最低，从而达到提高施工精度，降低成本，节约时间，减少污染等目的。
风向指标图
模块堆积示意图
建筑模块堆积
采风效果图
框架构思图
太阳能储备系统
光照
太阳能板
电能转换器
淡水来源
蓄水箱
雨水利用储存装置
太阳能利用装置分解图
顶层隔热装置
采光居住空间
观光梯
太阳能板
模块固定钢架
餐饮观光厅
储电箱
观光梯
会客大厅
光照反射装置
会客大厅
逃生升降梯
侧轴爆炸图
东立面图
正立面图
鸟瞰图
南立面图
西立面图

图6-11 成图展示2

3.设计总结

山海进目为津，身进自然为渔。本设计“津渔”为打造人和自然关系的协调，对生态环境最小程度的破坏，利用自身设计与科技相结合，达到与生态环境共存的理想居住空间，修建简易、建筑通透性强、环境破坏小、占地面积小、能源再利用等多种形式并行的建筑结构。方案整体设计表现力强，效果层次丰富，设计手法和制图技巧熟练，使人印象深刻。

参考文献

[1] 曲媛媛．模块化建筑空间设计的发展研究[D]．苏州：苏州大学，2009.

[2] 王睿．空间领域中行为心理特性在行为建筑学中的再思考[D]．襄阳：襄樊学院，2009.

[3] 原研哉．设计中的设计[M]．朱锷，译．济南：山东人民出版社，2006.

[4] 增田奏．住宅设计解剖书[M]．赵可，译．海口：南海出版公司，2013.

[5] 刘爽．居住空间设计[M]．2版．北京：清华大学出版社，2018.

[6] 黄春波，黄芳，黄春峰．居住空间设计[M]．上海：上海交通大学出版社，2013.

[7] 文健，王斌．住宅空间设计[M]．北京：北京大学出版社，2011.

[8] 谭长亮．居住空间设计[M]．上海：上海人民美术出版社，2018.

[9] 周燕珉，等．住宅精细化设计Ⅱ[M]．北京：中国建筑工业出版社，2015.

[10] 张月．室内人体工程学[M]．3版．北京：中国建筑工业出版社，2012.

[11] 王新福．居住空间设计[M]．重庆：西南师范大学出版社，2011.

[12] 高钰，孙耀龙，李新天．居住空间室内设计速查手册[M]．北京：机械工业出版社，2009.